高等职业教育系列教材

理论基础｜实践训练｜综合案例

大数据采集与预处理

主　编｜李俊翰　武春岭
副主编｜胡心雷　赵丽娜　黄　伟　王正霞　路　亚
参　编｜陈　继　冉　星　夏书林　雷翠红　赵勇吉

本书共分两部分：第一部分是网络数据采集与预处理的基础理论实践，包括任务1~任务6，主要讲解如何使用Python编写网络数据采集和预处理程序，内容包括Python环境搭建、Python基础语法、语句与函数，网络基础知识，常用网络数据采集与预处理库、解析库，数据持久化保存，以及requests库、numpy库、pandas库、Selenium技术、ChromeDriver技术和Scrapy技术的应用方式。第二部分是网络数据采集与预处理的综合案例，包括任务7~任务9，主要讲解requests库数据采集与ECharts可视化技术相结合以展示数据，并持久化保存数据、预处理数据的应用案例；Selenium和ChromeDriver技术相结合模拟登录，采集动态和静态数据，并持久化保存数据和预处理数据的应用案例；Hadoop平台的Flume日志数据采集应用案例，充分呈现了大数据采集与预处理主流技术、可视化技术的主要功能和特点。

本书可作为高等职业院校、职业本科院校大数据技术及相关专业的教材，也可作为有一定Python编程经验并且对数据采集与预处理技术感兴趣的工程技术人员的参考用书。

本书配有微课视频，扫描二维码即可观看。另外，本书配有电子课件、习题解答、程序源代码等，需要的教师可登录机械工业出版社教育服务网（www.cmpedu.com）免费注册，审核通过后下载，或联系编辑索取（微信：13261377872，电话：010-88379739）。

图书在版编目（CIP）数据

大数据采集与预处理／李俊翰，武春岭主编．—北京：机械工业出版社，2024.5

高等职业教育系列教材

ISBN 978-7-111-75791-7

Ⅰ.①大… Ⅱ.①李… ②武… Ⅲ.①数据采集-高等职业教育-教材 ②数据处理-高等职业教育-教材 Ⅳ.①TP274

中国国家版本馆CIP数据核字（2024）第094760号

机械工业出版社（北京市百万庄大街22号 邮政编码100037）
策划编辑：和庆娣　　　　　　责任编辑：和庆娣　王　芳
责任校对：张勤思　陈　越　　责任印制：郜　敏
北京富资园科技发展有限公司印刷
2024年7月第1版第1次印刷
184mm×260mm・16.75印张・436千字
标准书号：ISBN 978-7-111-75791-7
定价：69.00元

电话服务　　　　　　　　　　网络服务
客服电话：010-88361066　　　机　工　官　网：www.cmpbook.com
　　　　　010-88379833　　　机　工　官　博：weibo.com/cmp1952
　　　　　010-68326294　　　金　书　网：www.golden-book.com
封底无防伪标均为盗版　　　　机工教育服务网：www.cmpedu.com

Preface 前言

为什么写这本书

在这个数据爆炸的时代，不论是提供底层基础架构的云计算，还是实现各种人工智能的应用，都离不开其核心的源泉：数据。由于网络中数据太多、太宽泛，人们需要通过特殊的技术和方法实现在海量的数据中搜集到真正有价值的数据，从而为下一步的数据清洗、分析和可视化等提供数据支撑。网络爬虫应运而生。

本书从基础的 Python 环境搭建、网络基础知识入手，结合实例，由浅入深地讲解了如下内容：常用爬虫库和解析库、数据持久化保存、requests 库操作、Selenium 和 ChromeDriver 操作、Scrapy 爬虫框架的基本原理和操作网络爬虫的常用技术和方法，以及通过 Flask 和 ECharts 实现数据可视化的方法。本书提供了爬虫案例和源代码，以便读者能够更加直观和快速地学会爬虫的编写技巧。

希望本书对大数据从业人员或者网络爬虫爱好者具有一定的参考价值，他们能够通过学习本书，更好地解决工作和学习中遇到的问题，少走弯路。

读者对象

- 计算机相关专业的学生。
- Python 网络爬虫初学者。
- 网络爬虫工程师。
- 大数据及数据挖掘工程师。
- 其他对 Python 或网络爬虫感兴趣的人员。

内容介绍

本书分为两大部分：基础理论实践（任务 1~任务 6）和综合案例（任务 7~任务 9）。

任务 1：讲解了 Python 编程环境搭建，Python 基础语法、语句与函数，让读者能够了解和掌握 Python 的基础知识。

任务 2：通过实现简单数据采集，阐述了爬虫的基础知识、工作过程、网络基础知识，以及 requests、lxml 和 BeautifulSoup 库，让读者能够更好地理解网络爬虫。

任务 3：通过实现学生就业信息数据读写和数据持久化，阐述了 MySQL 的基本知识、安装和操作，并使用 PyMySQL 在 Python 环境中实现了对 CSV 和 JSON 格式数据的读写操作。

任务 4：在 Chrome 浏览器中通过 requests 库自定义编写爬虫代码，获取网站内指定的静态和动态数据，并通过使用 BeautifulSoup 库实现对数据的解析，最后使用 pymysql 库和 pandas 实现数据的持久化操作。

任务 5：首先通过 Chrome 浏览器综合分析业务网站新房网页结构和内容，使用 Selenium 和 ChromeDriver 技术来实现业务网站新房网页数据采集。然后通过进一步分析主页，获取字段为房屋名称（name）、地址（location）、价格（price）、房屋面积（size）等数据。最后，使用 pymysql 库在 MySQL 数据管理系统中创建指定的数据库 house_database 和数据表 house_info，实现数据的持久化存储。

任务 6：使用 Scrapy 爬虫框架爬取业务网站静态数据，主要介绍了 Scrapy 的基本内容和工作原理，通过对 Scrapy 安装和 Scrapy 各组件的详细介绍，读者能够系统掌握 Scrapy 的使用方法。

任务 7：综合介绍数据采集与可视化案例。本案例通过 requests 库自定义编写爬虫代码，获取网站内指定数据，并通过 BeautifulSoup 库实现对数据的解析，然后使用 pymysql 库实现对数据的持久化操作，最后，使用 Flask 和 ECharts 实现数据可视化。

任务 8：综合介绍 Selenium 和 ChromeDriver 模拟登录、动态、静态数据采集案例。本案例通过 Selenium 和 ChromeDriver 自定义编写爬虫代码，在实现网站模拟登录后，获取网站内指定的动态和静态数据，最后使用 pymysql 库实现数据的持久化操作。

任务 9：综合介绍 Hadoop 和 Flume 基础安装、配置和应用案例。本案例通过模拟两个业务场景，即电商平台的 Web 日志记录采集和基于 TCP 端口的日志记录采集，实现了使用 Flume 对 Web 日志文件夹中的数据文件进行监控和采集，对 TCP 端口的日志记录进行采集，对数据更新事件进行监控。

勘误和支持

由于编者水平有限，书中难免有一些错误或不准确的地方，恳请各位读者不吝指正。本书涉及的所有技术内容都只能用于教学，不能用于其他。

致谢

本书由重庆电子科技职业大学李俊翰、武春岭担任主编，重庆电子科技职业大学胡心雷、赵丽娜、黄伟、王正霞、路亚担任副主编，重庆翰海睿智大数据科技有限公司陈继、重庆疾风步信息技术有限公司冉星、重庆电子科技职业大学夏书林、雷翠红和赵勇吉担任参编。

感谢为本书做出贡献的每一个人。谨以此书献给热爱 Python 网络数据采集与预处理的朋友们！

编　者

目 录 Contents

前言

第一部分 基础理论实践

任务 1 Python 环境搭建——编写"Welcome to Python!"程序 2

- 1.1 任务描述 2
- 1.2 Python 概述 2
- 1.3 Python 编程环境搭建 3
  - 1.3.1 在 Windows 环境下的安装 3
  - 1.3.2 在 Linux 环境下的安装 12
  - 1.3.3 在 macOS 环境下的安装 13
- 1.4 安装集成开发环境 PyCharm 13
  - 1.4.1 PyCharm 概述 13
  - 1.4.2 PyCharm 的安装和运行 13
- 1.5 Python 基础语法 19
  - 1.5.1 整型 19
  - 1.5.2 浮点型 20
  - 1.5.3 字符串 20
  - 1.5.4 列表 21
  - 1.5.5 集合 24
  - 1.5.6 字典 25
  - 1.5.7 元组 26
- 1.6 Python 语句与函数 27
  - 1.6.1 条件判断语句 27
  - 1.6.2 循环语句 29
  - 1.6.3 自定义函数 30
- 1.7 任务实现 31
- 1.8 小结 33
- 1.9 习题 33

任务 2 实现简单数据采集——采集业务网站页面数据 34

- 2.1 任务描述 34
- 2.2 爬虫基础知识 34
  - 2.2.1 网络爬虫概述 34
  - 2.2.2 爬虫的法律和道德 34
  - 2.2.3 Python 爬虫的工作过程 35
- 2.3 网络知识基础 36
  - 2.3.1 HTML 36
  - 2.3.2 URI 和 URL 36
  - 2.3.3 HTTP 37
  - 2.3.4 Request 和 Response 38
- 2.4 requests 库 39
  - 2.4.1 requests 库概述 39
  - 2.4.2 requests 库安装 39
  - 2.4.3 requests 库的基本用法 41
- 2.5 lxml 库和 BeautifulSoup 库 43
  - 2.5.1 lxml 库概述 43
  - 2.5.2 BeautifulSoup 库概述 43
  - 2.5.3 lxml 库和 BeautifulSoup 库安装 44
  - 2.5.4 lxml 库和 BeautifulSoup 库的基本用法 44

2.6	任务实现	47
2.7	数据预处理基础	48
2.7.1	数据预处理概述	48
2.7.2	数据清洗	49
2.7.3	数据集成	51
2.7.4	数据转换	52
2.7.5	数据规约	53
2.7.6	数据预处理工具	54
2.8	小结	73
2.9	习题	73

任务 3　存储数据——学生就业信息数据读写和数据持久化　74

3.1	任务描述	74
3.2	MySQL	74
3.2.1	MySQL 概述	74
3.2.2	MySQL 安装	75
3.2.3	MySQL Workbench 的操作	83
3.3	PyMySQL	85
3.3.1	PyMySQL 和 MySQL 的区别	85
3.3.2	PyMySQL 安装	85
3.3.3	PyMySQL 的用法	85
3.4	CSV 和 JSON	87
3.4.1	CSV 概述	87
3.4.2	输出 CSV 文件头部	89
3.4.3	使用 Python 读取 CSV 文件数据	90
3.4.4	使用 Python 写入 CSV 文件数据	91
3.4.5	JSON 概述	92
3.4.6	使用 Python 读取 JSON 文件数据	93
3.4.7	使用 Python 写入 JSON 文件数据	93
3.5	任务实现	94
3.6	小结	105
3.7	习题	105

任务 4　requests 库技术应用案例——静态数据和动态数据采集　106

4.1	任务描述	106
4.2	静态数据和动态数据	106
4.2.1	静态数据基本概念	106
4.2.2	动态数据基本概念	106
4.2.3	AJAX 的起源	107
4.2.4	AJAX 概述	107
4.2.5	AJAX 的特点	107
4.3	子任务 1：业务网站 A 静态数据采集	110
4.3.1	页面分析	110
4.3.2	获取静态数据	110
4.3.3	数据持久化保存	113
4.3.4	网页分页爬取的翻页操作实现	114
4.3.5	数据预处理	115
4.3.6	任务实现	117
4.4	子任务 2：业务网站 B 静态数据采集	120
4.4.1	页面分析	120
4.4.2	获取静态数据	121
4.4.3	数据持久化保存	126
4.4.4	数据预处理	127
4.4.5	任务实现	128
4.5	子任务 3：业务网站 C 动态数据采集	132
4.5.1	页面分析	132
4.5.2	获取动态数据	134
4.5.3	数据持久化保存	135
4.5.4	任务实现	137
4.6	子任务 4：业务网站 D 静态数据采集	138
4.6.1	业务网站 D 概述	138
4.6.2	业务网站 D 的基本用法	138
4.6.3	Web API 概述	140
4.6.4	业务网站 D 开放 API 的数据特点	140

4.6.5	业务网站 D 的 API 请求数据 …… 142	4.6.8	任务实现 ……	150
4.6.6	获取 API 的响应数据 …… 144	4.7	小结 ……	154
4.6.7	处理 API 的响应数据 …… 145	4.8	习题 ……	154

任务 5　ChromeDriver 和 Selenium 技术应用案例——网站数据采集　155

5.1	任务描述 …… 155	5.4	任务实现：业务网站数据采集 ……	159
5.2	ChromeDriver …… 155	5.4.1	页面分析 ……	159
5.2.1	ChromeDriver 概述 …… 155	5.4.2	数据获取 ……	162
5.2.2	ChromeDriver 安装 …… 156	5.4.3	数据持久化保存 ……	165
5.3	Selenium …… 158	5.5	小结 ……	168
5.3.1	Selenium 概述 …… 158	5.6	习题 ……	168
5.3.2	Selenium 安装 …… 158			

任务 6　Scrapy 技术应用案例——框架式数据采集　170

6.1	任务描述 …… 170	6.3.4	Item Pipeline ……	179
6.2	Scrapy …… 170	6.4	任务实现：业务网站数据采集 ……	183
6.2.1	Scrapy 概述 …… 170	6.4.1	页面分析 ……	183
6.2.2	Scrapy 工作原理 …… 170	6.4.2	数据获取 ……	183
6.2.3	Scrapy 安装 …… 171	6.4.3	数据持久化保存 ……	189
6.3	Scrapy 组件 …… 173	6.5	小结 ……	191
6.3.1	Selector …… 173	6.6	习题 ……	191
6.3.2	Spider …… 176			
6.3.3	Downloader Middleware …… 178			

第二部分　综合案例

任务 7　数据采集与可视化案例　193

7.1	任务描述 …… 193	7.3.2	数据获取 ……	197
7.2	数据可视化技术 …… 193	7.3.3	数据持久化保存 ……	199
7.2.1	Flask 概述 …… 193	7.3.4	数据可视化 ……	201
7.2.2	ECharts 概述 …… 194	7.3.5	数据探索与转换 ……	204
7.3	任务实现：业务网站二手房数据采集与可视化 …… 195	7.3.6	任务实现 ……	207
7.3.1	页面分析 …… 195	7.4	小结 ……	208
		7.5	习题 ……	209

任务 8　爬取指定业务网站案例 210

- 8.1　任务描述 210
- 8.2　页面分析 210
- 8.3　模拟登录 214
  - 8.3.1　模拟登录的总体步骤 214
  - 8.3.2　模拟登录业务逻辑和代码详解 214
- 8.4　获取静态数据 217
  - 8.4.1　静态数据获取的总体步骤 218
  - 8.4.2　静态数据获取业务逻辑和代码详解 219
- 8.5　获取动态数据 224
  - 8.5.1　动态数据获取的总体步骤 225
  - 8.5.2　动态数据获取业务逻辑和代码详解 225
- 8.6　数据持久化保存 231
- 8.7　数据预处理 233
- 8.8　小结 235
- 8.9　习题 235

任务 9　Hadoop 平台的 Flume 日志数据采集应用案例 236

- 9.1　任务描述 236
- 9.2　Hadoop 介绍 237
  - 9.2.1　Hadoop 核心组件和工作原理 237
  - 9.2.2　Hadoop 生态圈简介 240
- 9.3　Flume 介绍 241
- 9.4　Flume 安装和配置 241
  - 9.4.1　Flume 的安装 242
  - 9.4.2　Flume 的配置 245
- 9.5　Flume 的应用 251
  - 9.5.1　采集文件夹下的增量数据到 HDFS 251
  - 9.5.2　采集 TCP 端口数据到控制台 257
- 9.6　小结 259
- 9.7　习题 259

参考文献 260

第一部分 基础理论实践

任务 1 Python 环境搭建——编写 "Welcome to Python!" 程序

学习目标

- 了解 Python 的基础知识
- 了解 Python 编程的环境搭建知识
- 掌握 Python 在各个环境中的安装步骤
- 安装集成开发环境 PyCharm
- 掌握 Python 的基础语法以及 Python 语句与函数
- 能够通过 PyCharm 实现一些简单实例

本章主要介绍 Python 的环境搭建，并详细介绍 Python 在 Windows、Linux、macOS 环境下的安装方法，集成开发环境 PyCharm 的安装和运行，以及一些基础的 Python 语法、Python 语句与函数。

1.1 任务描述

Python 作为一种能够跨平台的编程语言，在不同的操作系统中有不同的安装方式。只有安装并配置好有效的开发环境，才能够事半功倍地开展进一步的学习。本任务将介绍如何在 Windows 操作系统中搭建 Python 的编程环境，并安装 Python 的集成开发环境 PyCharm。之后，本任务将进一步在其他操作系统中搭建 Python 环境，以及介绍 Python 的数据类型和函数语句，并用它们编程。最后，本任务通过 PyCharm 实现 Python 程序——"Welcome to Python!"

1.2 Python 概述

Python 是一种编程效率非常高的计算机语言。它使用的代码量相对较少，代码更易于理解、阅读、调试和扩展。Python 可以应用在多个业务领域：Web 程序设计、数据库接入、桌面 GUI、软件游戏编程、数据科学计算，以及数据采集、清洗和分析等。

无论学习者是第一次编程还是对其他语言有经验，Python 都很容易上手。Python 拥有非常成熟的社区和大量第三方模块，能够帮助学习者高效、友好和容易地学习和解决各种问题。Python 是在 OSI（开放系统互联）认可的开源许可协议下开发的，它可以被自由使用和分发，甚至可以用于商业环境。Python 的许可证由 Python 软件基金会管理。

1.3 Python 编程环境搭建

1.3.1 在 Windows 环境下的安装

由于 Windows 系统没有默认安装 Python，因此首先要下载和安装 Python。Windows 环境下安装 Python 有两种方式。

1. Python 源码安装

1）访问 Python 官方网站下载地址 https://www.python.org/downloads/，根据系统环境下载对应 Python 安装包，如图 1-1 所示。

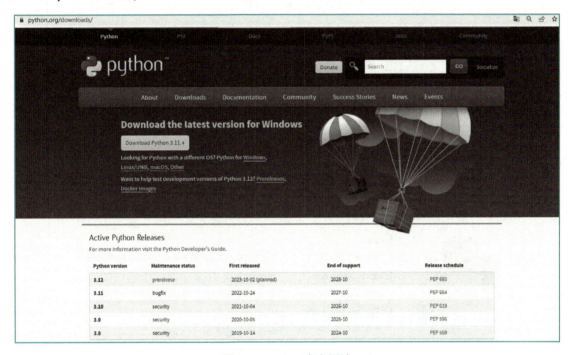

图 1-1　Python 官方网站

2）打开安装包，按照提示逐步安装即可。这里需要勾选"Add python.exe to PATH"复选框，目的是将 Python 添加到环境变量当中。如果这里没有勾选，则需要在安装完成之后手动将 Python 安装目录和安装目录中的 Scripts 目录添加到环境变量中。然后，选择"Customize installation"选项，如图 1-2 所示。

3）在"Optional Features"（特色选项）界面中，勾选所有复选框，如图 1-3 所示。其中，勾选"Documentation"复选框表示安装 Python 相关文档文件；勾选"pip"复选框表示能够用其下载和安装其他 Python 依赖包；勾选"tcl/tk and IDLE"复选框表示安装"tcl/tk and IDLE"开发环境；勾选"Python test suite"复选框表示安装标准库测试套件；勾选"py launcher"和"for all users（requires admin privileges）"复选框表示从之前的版本升级全局 py 启动器。

4）在"Advanced Options"界面中，勾选"Associate files with Python（requires the 'py' launcher）"复选框，表示自动关联所有 Python 相关文件；勾选"Create shortcuts for installed applications"复选框，表示为安装的应用程序创建快捷方式；勾选"Add Python to environment

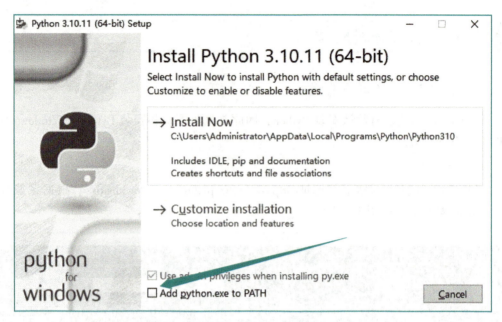

图1-2 安装类型和添加环境变量对话框

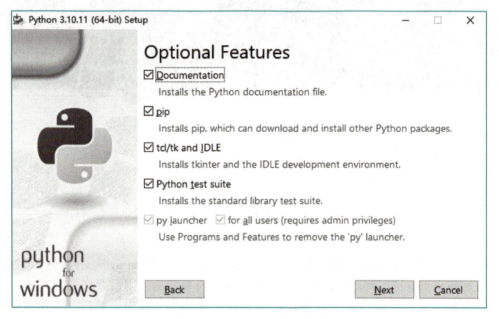

图1-3 Python工具安装界面

variables"复选框,表示将Python添加到环境变量中。然后,单击"Browse"按钮,并选择自定义安装路径,再单击"Install"按钮,如图1-4所示。

5)如果在图1-2中没有勾选"Add python.exe to PATH"复选框,这里可以通过手动形式设置Python环境变量。下面以Windows 10操作系统为例进行介绍,具体方法如下:

① 找到桌面上的"计算机"图标并右击,在弹出的快捷菜单中选择"属性"命令。

② 在打开的"系统"窗口的左侧选择"高级系统设置",如图1-5所示。

③ 在弹出的"系统属性"对话框中单击"环境变量(N)"按钮,如图1-6所示。

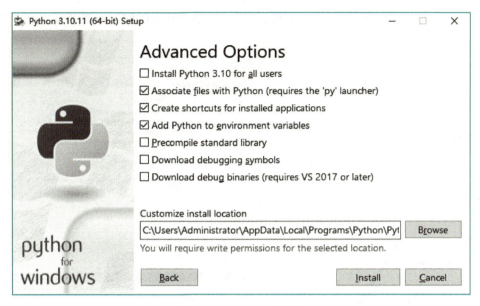

图 1-4 Python 文件路径

图 1-5 高级系统设置

④ 在弹出的"环境变量"对话框中,选择"系统变量(S)"中的"Path",单击"编辑"按钮。

⑤ 将 Python 安装目录和 Python 安装目录下的 Scripts 目录放到环境变量中即可,如图 1-7 所示。

6)安装验证。前面的安装完成之后,单击"开始"按钮,在弹出的"开始"菜单的"搜索程序和文件"文本框中输入"CMD"并按〈Enter〉键,可以打开命令行窗口。在命令行窗口中输入"python"。如果安装成功,将会显示如图 1-8 所示画面。

2. Anaconda 安装

(1)Anaconda 概述

Anaconda 是一个开源的 Python 发行版本,其包含了 conda、Python 等 180 多个科学包及其依赖项。与前面的 Python 源码安装相比,Anaconda 已经自带了很多科学包及其依赖项,开发人员无须单独安装相关包和依赖项，因此能够极大地节省开发时间，提高开发效率。所以本书推荐使用 Anaconda。

图 1-6　系统属性

图 1-7　环境变量

图 1-8　安装验证

（2）Anaconda 安装

1）访问清华大学开源软件镜像地址 https://mirrors.tuna.tsinghua.edu.cn/anaconda/archive，选择并下载对应的版本。本书选择的是 Anaconda3-2023.07-2-Windows-x86_64.exe，如图 1-9 所示。

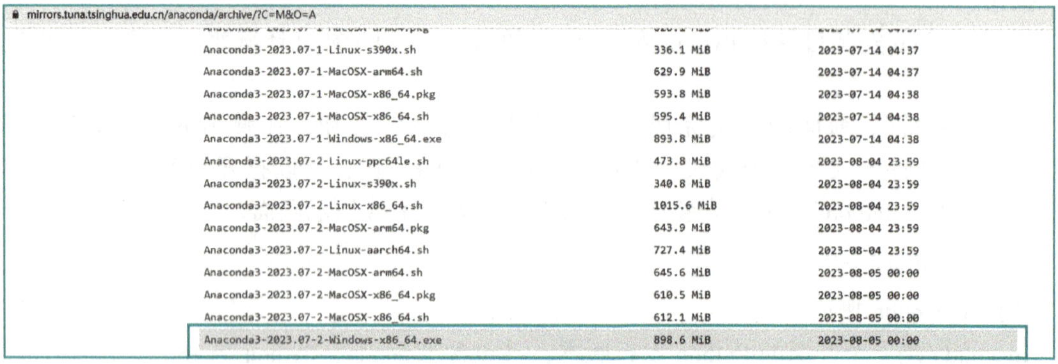

图 1-9　清华大学镜像地址

2）下载之后，双击该文件即可开始安装。在安装欢迎界面单击"Next"按钮，如图1-10所示。

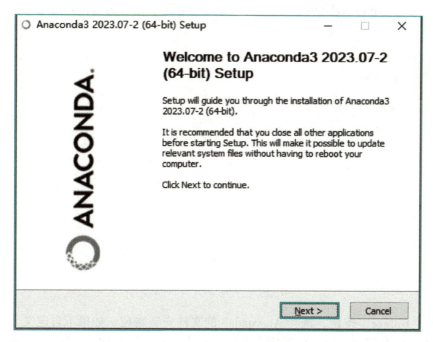

图 1-10　Anaconda 安装欢迎界面

3）单击"I Agree"按钮，如图 1-11 所示。

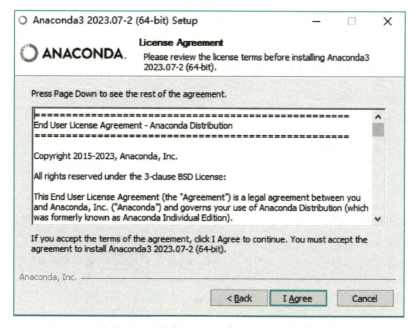

图 1-11　Anaconda 的 License Agreement 界面

4）选择"Just Me（recommended）"表示能够执行该 Anaconda 版本的用户只能是"本人"。这也是系统推荐的方式。选择安装类型之后，单击"Next"按钮，如图 1-12 所示。

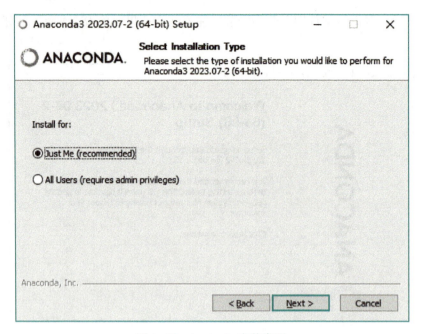

图 1-12　Anaconda 安装类型

5）单击"Browse"按钮，选择 Anaconda3 的文件安装路径。如果不自定义文件安装路径，系统将使用默认安装路径。路径设置完毕之后，单击"Next"按钮，如图 1-13 所示。

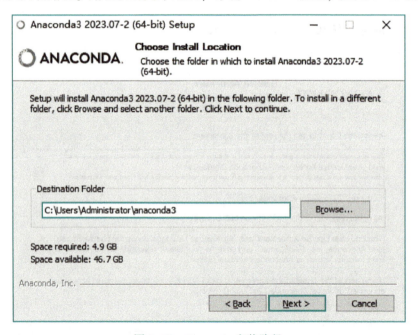

图 1-13　Anaconda 安装路径

6）如果之前已经安装过其他版本的 Python，这里可以先不勾选"Add Anaconda3 to my PATH environment variable"复选框，可以在 Anaconda 安装完成之后手动配置环境变量，并可以直接将原来安装 Python 的整个文件夹复制到 Anaconda 的 envs 目录下，实现由 Anaconda 统一管理。然后单击"Install"按钮，如图 1-14 所示。

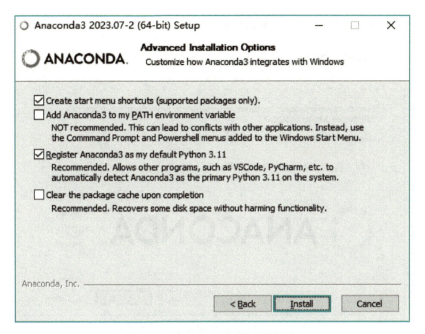

图 1-14　Anaconda 安装环境变量

7）安装完成，单击"Next"按钮，如图 1-15 所示。

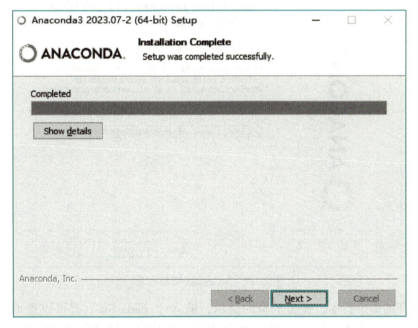

图 1-15　Anaconda 安装完成

8）这里会提示 Anaconda3 已经可以使用轻量级编程工具 Jupyter Notebook 通过云端服务器编程，单击"Next"按钮，如图 1-16 所示。

9）单击"Finish"按钮，完成安装，如图 1-17 所示。

10）安装完成后，打开 Anaconda Navigator 导航工具，选择 CMD.exe Prompt，单击"Launch"按钮，如图 1-18 所示。

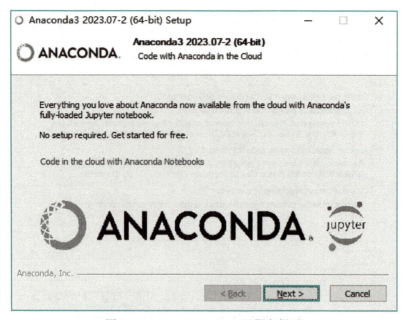

图 1-16　Jupyter Notebook 云服务提示

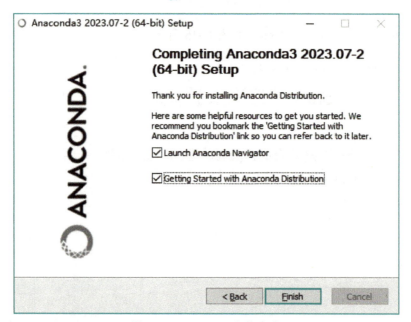

图 1-17　Anaconda 安装成功

11）在打开的命令行中，按提示符的提示，输入"conda list"就可以查询现在已安装哪些包（见图 1-19），常用的 numpy 和 scipy 通常会名列其中。如果需要安装其他包，可以运行"conda install ×××"来安装（×××为需要安装的包的名称）。如果某个包的版本不是最新的，运行"conda update ×××"就可以更新。

12）手动配置 Anaconda 环境变量。如果安装 Anaconda 时不勾选设置环境变量，可以在 Anaconda 安装成功以后将对应的环境变量添加上。图 1-20 所示为编者的 Anaconda 安装位置（E：\softwares\anaconda3；E：\softwares\anaconda3\Scripts；E：\softwares\anaconda3\condabin），编者在系统环境变量中找到对应之前安装 Python 的路径并删除了它。

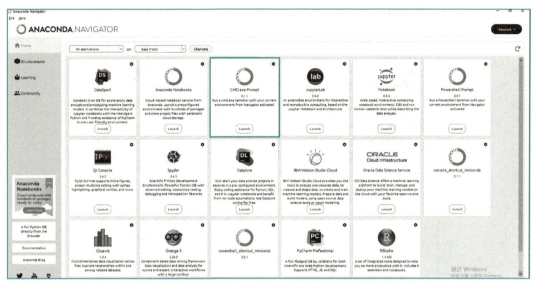

图 1-18 Anaconda 导航工具

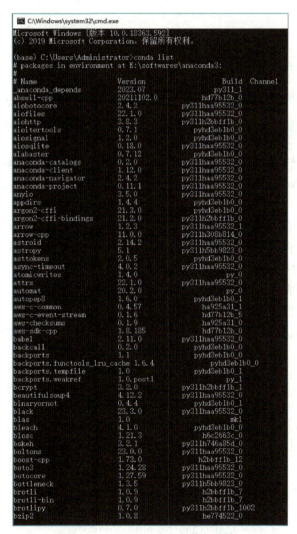

图 1-19 Anaconda 已安装包查询

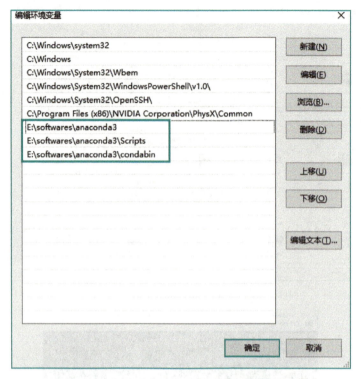

图 1-20　手动配置 Anaconda 环境变量

1.3.2　在 Linux 环境下的安装

大多数 Linux 系统中都已经安装了 Python，因此可以首先验证 Python 是否存在。通过在 Linux 的 Terminal 中输入"python"予以验证。如果系统中安装的是 Python2 版本，可以通过以下命令安装 Python3。

（1）Anaconda 安装（推荐）

首先，从清华大学开源软件镜像地址 https://mirrors.tuna.tsinghua.edu.cn/anaconda/archive/ 中选择并下载对应的版本。

然后安装，即可完成 Python3 的环境配置。

（2）CENTOS 命令行安装

RPM 是 Red Hat package manager（软件包管理器）的缩写。使用 yum 组件安装 ius-release.rpm，命令如下：

```
sudo yum install -yhttps://centos7.iuscommunity.org/ius-release.rpm
```

使用 yum 组件更新安装后的内容，命令如下：

```
sudo yum update
```

使用 yum 组件安装 python36u、python36u-pip 和 python36u-devel，命令如下：

```
sudo yum install -y python36u python36u-pip python36u-devel
```

验证 Python 安装是否成功，命令如下：

```
Python -V
```

1.3.3 在 macOS 环境下的安装

在 macOS 环境下有多种安装方式。

（1）Anaconda 安装（推荐）

首先，从清华大学开源软件镜像地址 https://mirrors.tuna.tsinghua.edu.cn/anaconda/archive/ 中选择并下载对应的版本。

然后安装，即可完成 Python3 的环境配置。

（2）Homebrew 安装

使用依赖包 Xcode，命令如下：

```
xcode-select --install
```

使用 ruby 语言从指定网站下载并安装 Homebrew，命令如下：

```
ruby -e "$(curl -fsSL http://raw.githubusercontent.com/Homebrew/install/master/install)"
```

验证 Homebrew 是否安装成功，命令如下：

```
brew doctor
```

安装 Python3，命令如下：

```
brew install python3
```

验证 Python3 是否安装成功，命令如下：

```
python --version
```

1.4 安装集成开发环境 PyCharm

1.4.1 PyCharm 概述

PyCharm 是一个可以工作在 Windows、macOS 和 Linux 上的跨平台集成开发环境。PyCharm 能够开发基于 Python 的应用程序。另外，PyCharm 是一款专业的编辑器，不仅能够支持开发 Django、Flask 和 Pyramid 应用程序，也能够通过插件绑定的形式完全支持 HTML（包括 HTML5）、CSS、JavaScript 和 XML。

1.4.2 PyCharm 的安装和运行

1. 下载和安装 PyCharm

在了解了 PyCharm 的基本内容之后，下面开始下载和安装 PyCharm。

1）访问 PyCharm 的官方下载地址：https：//www.jetbrains.com/pycharm/。单击"DOWNLOAD"按钮下载 PyCharm 安装文件，如图 1-21 所示。

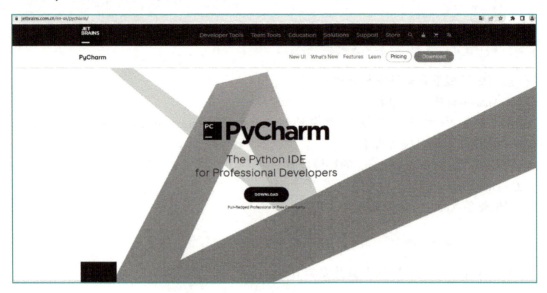

图 1-21　PyCharm 的官方下载页面

2）双击下载的文件，运行安装程序，单击"Next"按钮，如图 1-22 所示。

图 1-22　PyCharm 安装欢迎界面

3）先单击"Browse"按钮选择 PyCharm 的安装路径，然后单击"Next"按钮，如图 1-23 所示。

4）勾选"PyCharm Community Edition"复选框表示创建 PyCharm 的桌面快捷方式；勾选"Add "bin" folder to the PATH"复选框表示配置环境变量；勾选"Add " Open Folder as Project""复选框表示将文件夹作为项目；勾选".py"复选框表示创建.py 文件并关联。然后单击"Next"按钮，如图 1-24 所示。

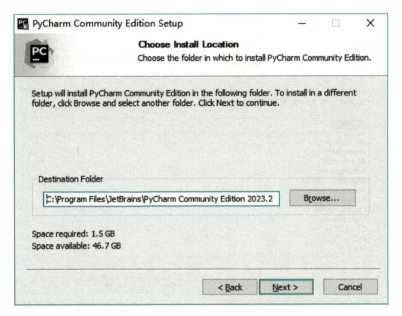

图 1-23 PyCharm 文件路径选择界面

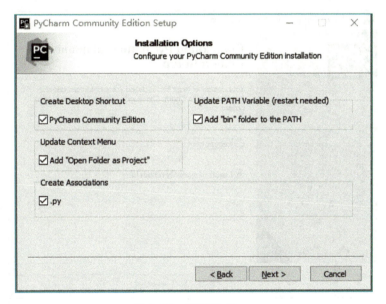

图 1-24 配置 PyCharm

5）先将开始文件夹名称自定义为"JetBrains"，然后单击"Install"按钮，如图 1-25 所示。

6）安装完成后，勾选"I want to manually reboot later"复选框表示手动重启计算机，单击"Finish"按钮，如图 1-26 所示。

2. 运行 PyCharm

在成功安装 PyCharm 之后，将使用 PyCharm 创建项目，具体操作如下。

1）使用 PyCharm 创建项目。双击桌面的 PyCharm 图标打开 PyCharm 程序，在左侧选择"Projects"栏目，单击"New Project"按钮，如图 1-27 所示。

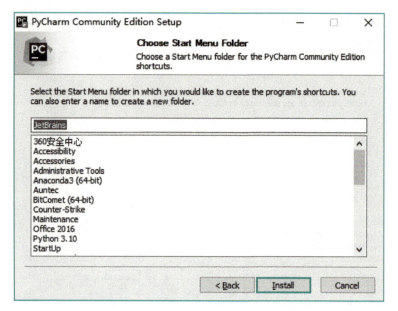

图 1-25 配置 PyCharm 开始菜单

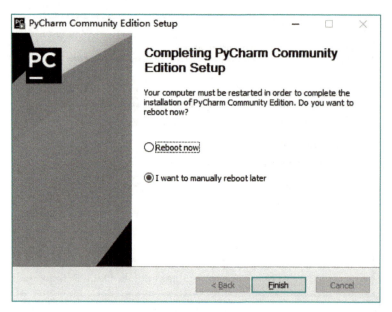

图 1-26 PyCharm 安装成功界面

2）在弹出的"New Project"对话框的"Location"文本框中自定义项目名称为"pythonProject"，并将该项目存放于位置：E:\pythonProject。在 Python Interpreter（解释器）中，可以选择新建一个虚拟环境（选中"New environment using"单选项）或者使用一个之前已经存在的 Python Interpreter（选中"Previously configured interpreter"单选项）。不同的项目可能会使用不同的依赖项，因此不同的项目会使用不同的 Python Interpreter，开发人员需要根据实际需要确定 Python Interpreter，如图 1-28 所示。

3）在 PyCharm 主界面中，左边的栏目是项目工程目录，包括项目根节点 E:\pythonProject 和外部库 External Libraries，右边是项目的编辑区域，如图 1-29 所示。

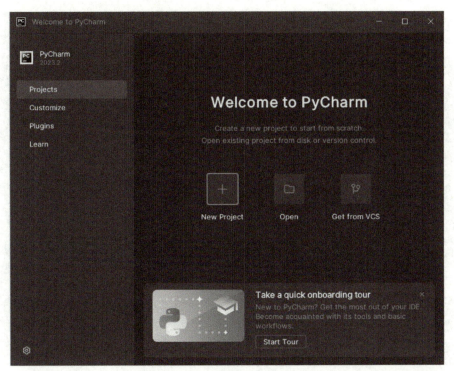

图 1-27 PyCharm 欢迎界面

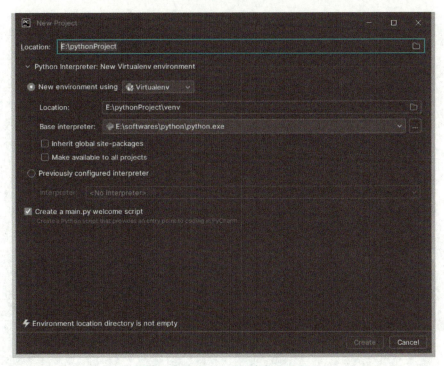

图 1-28 PyCharm 创建项目界面

4) 将光标移到项目根节点，右击鼠标，从快捷菜单中选择 "New" → "Python File"，如图 1-30a 所示，这样就可以在 PyCharm 中创建一个基于当前基础解释器（Base interpreter）作为编程环境的 Python 文件。在此，将该文件命名为 "unit1-1"，如图 1-30b 所示。

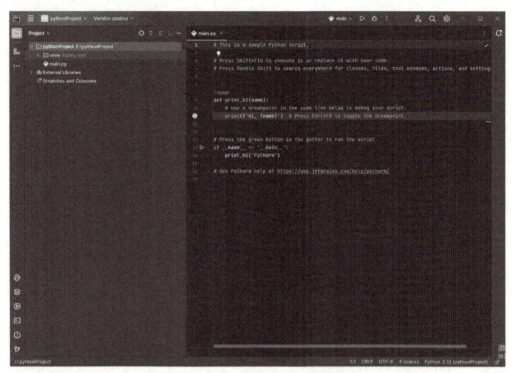

图 1-29　PyCharm 主界面

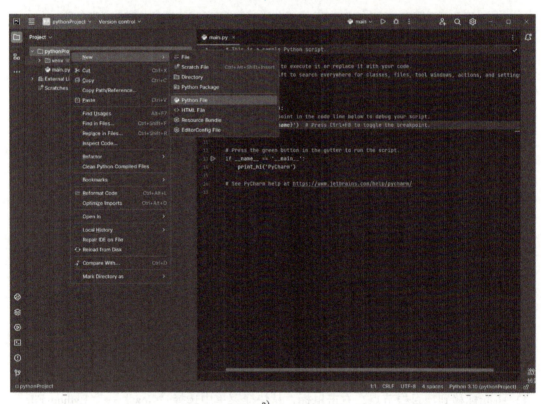

a)

图 1-30　创建 Python 文件并命名

a）创建 Python 文件

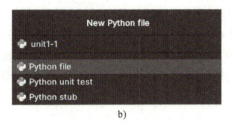

b)

图 1-30 创建 Python 文件并命名（续）

b）给 Python 文件命名

5）单击界面左下角的 Terminal 按钮，可以在 PyCharm 中打开 Terminal CMD 命令界面。在 Terminal CMD 命令界面输入"python"后就可以打开 CMD 中的 Python 解释器（"Local"命令界面），如图 1-31 所示。

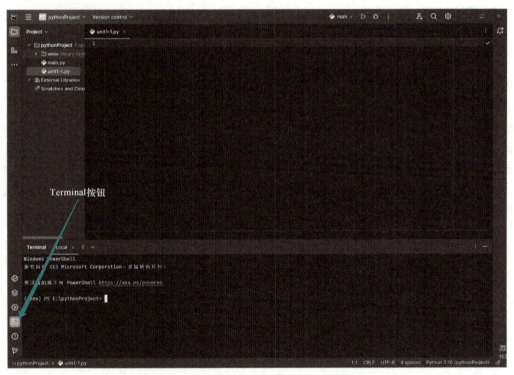

图 1-31 在 Terminal 中开启 Python 解释器

1.5 Python 基础语法

Python 的数据类型主要包含六种：数字（number）、字符串（string）、列表（list）、元组（tuple）、集合（set）、字典（dictionary）。其中，数字又包含四种类型：整型（int）、浮点型（float）、布尔型（boolean）、复数类型（complex）。Python 是一种弱类型语言，所以变量都是不需要提前声明，可以直接拿来使用的。

1.5.1 整型

在 Python 内部，整数分为普通整数和长整数，普通整数长度为系统位长，通常都是 32

位，超过这个范围的整数就自动当作长整数处理。在 32 位系统上，整数的位数为 32 位，取值范围为 $-2^{31} \sim 2^{31}-1$，即 $-2\,147\,483\,648 \sim 2\,147\,483\,647$；在 64 位系统上，整数的位数为 64 位，取值范围为 $-2^{63} \sim 2^{63}-1$，即 $-9\,223\,372\,036\,854\,775\,808 \sim 9\,223\,372\,036\,854\,775\,807$。Python 可以处理任意大小的整数，当然包括负整数，程序中的表示方法和数学上的写法一模一样，例如：5，23，-10，等。

【实例 1-1】整型示例。

```
>>> number = 123456789
>>> print(number)
123456789
>>> number = -123456789
>>> print(number)
-123456789
```

1.5.2 浮点型

Python 的浮点数就是数学中的小数。在运算中，整数与浮点数运算的结果是浮点数。之所以称为浮点数，是因为按照科学计数法表示时，一个浮点数的小数点位置是可变的，比如，1.23e9 和 12.3e8 是相等的。普通浮点数可以采用数学写法，如 4.56，2.34，-8.21；很大或很小的浮点数，就必须用科学计数法表示，用 10 替代 e，如 1.23e9 或者 12.3e8，0.000023 可以写成 2.3e-5，等等。整数和浮点数在计算机内部存储的方式是不同的，整数运算永远是精确的，浮点数运算则可能会有四舍五入的误差。比如：5.6，423.365，0.213，等等。变量在定义赋值时，只要被赋值小数，该变量就被定义成浮点型。

【实例 1-2】浮点型示例。

```
>>> number = 1.23456789          #声明变量 number 并赋值 1.23456789
>>> print(number)                #使用 print 函数输出变量 number
1.23456789
>>> number = -0.123456789        #声明变量 number 并赋值-0.123456789
>>> print(number)                #使用 print 函数输出变量 number
-0.123456789
>>> 0.2+0.1                      #使用浮点数做预算可能会出现误差
0.30000000000000004
```

1.5.3 字符串

字符串是由数字、字母、下画线组成的一串字符。所有的字符串都是直接按照字面意思来使用的，没有转义特殊或不能打印的字符。原始字符串除在字符串的第一个引号前加上字母"r"（不区分大小写）以外，与普通字符串的语法几乎完全相同。

【实例 1-3】普通字符串和原始字符串示例。

普通字符串示例：

```
>>> str = 'this string \n belongs to Python'    #声明变量 str 并赋值
```

```
>>> print(str)                        #使用print函数输出变量str
this string
belongs to Python
```

原始字符串示例：

```
>>> str =r'this string \n belongs to Python'    #声明变量str并赋值，使用r输出原始字符
>>> print(str)                        #使用print函数输出变量str
this string \n belongs to Python
```

Python 用单引号（'）、双引号（"）、三引号（'''/"""）来标示字符串，引号的开始与结束类型必须一致，也就是说前面是单引号，后面也必须是单引号。其中三引号可以用于多行，这也是编写多行文本的常用语法，经常用于处理文档字符串，但在文件的特定地点它会被当作注释来处理。

【实例1-4】用引号标示字符串

用单引号括起来标示字符串，例如：

```
>>> print('this is the Python')
this is the Python
```

双引号中的字符串与单引号中的字符串用法完全相同，例如：

```
>>> print("this is the Python")
this is the Python
```

利用三引号标示多行的字符串，可以在三引号中自由地使用单引号和双引号，例如：

```
>>> str = '''this is the Python. this is the Python. this is the Python. this is the Python. this is the Python. this is the Python'''
>>> print(str)
this is the Python. this is the Python. this is the Python. this is the Python. this is the Python. this is the Python
```

1.5.4 列表

1.5.4 列表

列表是任意对象的集合，所有元素都放在方括号[ ]中，元素之间使用逗号分隔，元素可以是单独的，也可以是嵌套关系的。列表是一种有序的非泛型集合，内部可以是类型不同的数据，并且使用数组下标作为索引。列表是可以修改的，适用于需要不断更新的数据。

【实例1-5】列表示例。

```
>>> list = ['this','is',123,'a','number']    #声明列表list并赋值
>>> print(list)                       #使用print函数输出列表list
['this', 'is', 123, 'a', 'number']
>>> print(list[0])                    #使用print函数输出列表list中第一个元素
```

```
                    this
>>> print(list[-1])              #使用 print 函数输出列表 list 中最后一个元素
                    number
>>> print(list[1:3])             #列表数组下标[1:3]表示元素 1 到 2,不包含 3
['is', 123]
>>>
```

为了更加方便地操作列表,可以使用列表函数实现列表的各种操作。

1. 修改

【实例 1-6】声明一个列表 list,通过下标对列表 list 中元素进行操作,实现对列表内容的修改。这里是对 list 中下标为 2 的元素值进行修改。

```
>>> list = ['this','is',123,'a','number']   #声明列表 list 并赋值
>>> list[2] = 567                           #对列表 list 中下标为 2 的元素值进行修改
>>> print(list)                             #使用 print 函数输出列表 list
['this', 'is', 567, 'a', 'number']
```

2. append(e)

【实例 1-7】该方法接收一个元素作为参数,作用是向列表 list 中的最后一位添加指定元素。具体用法如下:

```
>>> list = ['this','is',123,'a','number']
>>> list.append('here')          #使用 append('here')向列表 list 最后一位添加指定元素
>>> print(list)
['this', 'is', 123, 'a', 'number', 'here']
```

3. insert(index, e)

【实例 1-8】该方法接收两个参数,作用是向列表 list 中指定下标的位置插入元素,index 表示当前插入的位置,e 表示需要插入的元素,在插入位置后面的元素依次往后移动一位。具体用法如下:

```
>>> list = ['this', 'is', 123, 'a', 'number', 'here']
>>> list.insert(0,'now')         #使用 insert(0,'now')向列表 list 第一位添加指定元素
>>> print(list)
['now', 'this', 'is', 123, 'a', 'number', 'here']
>>>
```

4. remove(e)

【实例 1-9】该方法接收一个元素作为参数,作用是移除列表中某个值的第一个匹配项。如果有多个相同值的元素,则只删除第一个。具体用法如下:

```
>>> list = ['this','is','is',123,'a','number']
>>> list.remove('is')            #使用 remove('is')删除列表 list 指定值的元素
```

```
>>> list
['this', 'is', 123, 'a', 'number']
```

5. reverse( )

【实例1-10】该方法的作用是将列表中的元素顺序反向。具体用法如下：

```
>>> names = ['james', 'lucy', 'simon', 'tom']
>>> names.reverse()      #使用 reverse( )将 names 中的元素顺序反向
>>> print(names)
['tom', 'simon', 'lucy', 'james']
```

6. sort( )

【实例1-11】该方法的作用是对原列表排序，默认是升序。具体用法如下：

```
>>> names = [1,2,4,3]
>>> names.sort()     #使用 sort( )对 names 中的元素排序
>>> print(names)
[1, 2, 3, 4]
```

7. index(e)

【实例1-12】该方法接收一个元素作为参数，作用是从列表中找出某个值第一个匹配项的索引位置，索引从0开始。具体用法如下：

```
>>> list = ['this','is',123,'a','number']
>>> list.index('a')    #使用 index('a')匹配元素为'a'的索引
3
```

8. count(e)

【实例1-13】该方法接收一个元素作为参数，作用是统计某个元素在列表中出现的次数。具体用法如下：

```
>>> list = ['this','is',123,'a','number']
>>> list.count('this')    #使用 count('this')统计值为'this'的元素个数
1
```

9. pop( )

【实例1-14】该方法的作用是移除列表中的一个元素（默认是最后一个元素），并且返回该元素的值。具体用法如下：

```
>>> list = ['this','is',123,'a','number']
>>> list.pop()    #使用 pop( )删除列表中最后一个元素，并返回该元素的值
'number'
```

1.5.5 集合

集合有三个特点：①无序；②不重复；③使用花括号表示。可以使用花括号{}或者set()函数创建集合。例如：

```
>>> numbers = {11,33,22,55,44,11,33}    #此处定义一个带有重复元素的集合
>>> print(numbers)
{33, 11, 44, 22, 55}                    #输出结果已经没有重复的元素
```

常用集合函数及示例如下：

1. remove(e)

【实例1-15】该方法接收一个元素作为参数，作用是删除集合中指定的元素。具体用法如下：

```
>>> numbers = {11,33,22,55,44}
>>> numbers.remove(22)    #使用remove(22)删除numbers中指定的元素22
>>> print(numbers)
{33, 11, 44, 55}
```

2. pop()

【实例1-16】该方法的作用是随机移除一个元素。具体用法如下：

```
>>> numbers = {11,33,22,55,44}
>>> numbers.pop()         #使用pop()删除numbers中一个元素
33
```

3. len()

【实例1-17】该方法的作用是获得集合中元素的个数。具体用法如下：

```
>>> numbers = {11,33,22,55,44}
>>> len(numbers)          #使用len(numbers)获得numbers的元素个数
5
```

4. clear()

【实例1-18】该方法的作用是清除集合中所有元素。具体用法如下：

```
>>> numbers = {11,33,22,55,44}
>>> numbers.clear()       #使用clear()清除了numbers的所有元素
>>> print(numbers)
set()                     #set()代表空集合
```

5. add(e)

【实例1-19】该方法接收一个元素作为参数，作用是向集合中添加元素。具体用法如下：

```
>>> numbers = {11,33,22,55,44}
>>> numbers.add(66)          #使用add(66)向numbers中添加元素66
>>> print(numbers)
{33, 66, 11, 44, 22, 55}
```

6. union(e)

【实例1-20】该方法接收一个集合作为参数,作用是合并两个集合。具体用法如下:

```
>>> numbers = {11,33,22,55,44}
>>> num = {66,77,88,99}
>>> numbers.union(num)       #使用union(num)向numbers中添加指定集合num
{33, 66, 99, 11, 44, 77, 22, 55, 88}
```

1.5.6 字典

字典是一种无序存储结构,包括关键字(key)和关键字对应的值(value)。字典的格式为:

```
dictionary = {key:value}
```

通过关键字(key)可以获得对应的值(value)。例如:

```
>>> dictionary = {'name':'simon','age':20}
>>> print(dictionary)
{'name': 'simon', 'age': 20}
>>> dictionary['name']
'simon'
```

常用字典函数及示例如下:

1. len(d)

【实例1-21】该方法接收一个字典作为参数,作用是计算字典元素个数,即键的总数。具体用法如下:

```
>>> dictionary = {'name':'simon','age':20}
>>> len(dictionary)          #使用len(dictionary)获得字典的元素总数
2
```

2. clear()

【实例1-22】该方法的作用是删除字典内所有元素。具体用法如下:

```
>>> dictionary = {'name':'simon','age':20}
>>> dictionary.clear()       #使用clear()清除字典的所有元素
>>> print(dictionary)
{}
```

3. copy()

【实例1-23】该方法的作用是返回一个复制的字典。具体用法如下：

```
>>> dictionary = {'name':'simon','age':20}
>>> dictionary_new = dictionary.copy()   #使用copy()复制字典dictionary的元素，并赋给新的字
                                         #典dictionary
>>> print(dictionary_new)
{'name': 'simon', 'age': 20}
```

4. get(key, default=None)

【实例1-24】该方法接收两个参数，即键和默认返回值（当键不存在时），作用是返回指定键的值，如果值不在字典中返回默认的值。具体用法如下：

```
>>> dictionary = {'name':'simon','age':20}
>>> value = dictionary.get('name')    #使用get('name')获得键为name的值
>>> print(value)
simon
>>> print(dictionary.get('gender'))   #使用get('gender')获得键为gender的值
None                                  #由于键gender不存在，所以返回None
```

5. keys()

【实例1-25】该方法的作用是以列表返回一个字典所有的键，具体用法如下：

```
>>> dictionary = {'name':'simon','age':20}
>>> list = dictionary.keys()    #使用keys()获得字典dictionary中所有的键
>>> print(list)
dict_keys(['name', 'age'])      #以列表形式返回
```

6. values()

【实例1-26】该方法的作用是以列表返回字典中的所有值，具体用法如下：

```
>>> dictionary = {'name':'simon','age':20}
>>> list = dictionary.values()   #使用values()获得字典dictionary中所有的值
>>> print(list)
dict_values(['simon', 20])       #以列表形式返回
```

1.5.7 元组

元组是和列表相似的数据结构，但它一旦初始化就不能更改。它的速度比列表快，不提供动态内存管理功能。元组可以用下标返回一个元素或子元组。元组和列表有两个区别：①不能修改元组里面的元素；②元组使用小括号（）表示。同样，元组也使用数组下标进行操作。由于元组不可更改，因此可以存放程序生命周期内的数据。例如：

```
>>> tuple = (12,34,56)    #定义一个元组
>>> print(tuple)
(12, 34, 56)
>>> print(tuple[1])       #使用数组下标获取元组的元素
34
```

常用元组内置函数及示例如下:

1. len(t)

【实例1-27】该方法接收一个元组作为参数,作用是计算元组元素个数。具体用法如下:

```
>>> tuple1 = (1,2,3,4)
>>> len(tuple1)    #使用 len(tuple1)获得元组的元素总数
4
```

2. max(t)

【实例1-28】该方法接收一个元组作为参数,作用是返回元组中元素最大值。具体用法如下:

```
>>> tuple1 = (1,2,3,4)
>>> max(tuple1)    #使用 max(tuple1)获得元组中的最大值
4
```

3. min(t)

【实例1-29】该方法接收一个元组作为参数,作用是返回元组中元素最小值。具体用法如下:

```
>>> tuple1 = (1,2,3,4)
>>> min(tuple1)    #使用 min(tuple1)获得元组中的最小值
1
```

4. tuple(list)

【实例1-30】该方法接收一个列表作为参数,然后将该列表转换为元组。具体用法如下:

```
>>> list = ['this','is',123,'a','number']
>>> tuple(list)    #使用 tuple(list)将列表转换为元组
('this', 'is', 123, 'a', 'number')
>>>
```

1.6 Python 语句与函数

1.6.1 条件判断语句

在编程的过程中,经常会遇到各种逻辑判断。Python 提供 if 条件语句,以实现程序的逻辑

判断。Python 条件语句是通过一条或多条语句的执行结果（True 或者 False）来决定执行代码块的。Python 编程中 if 语句用于控制程序的执行，基本形式为：

if 判断条件：
执行语句…
else：
执行语句…
例如：

```
>>> number = 10
>>> if number == 10:
…    print('Hi,number is 10')
…
Hi,number is 10
```

如果是多条件判断，则需要使用如下格式：
if 判断条件 1：
执行语句 1…
elif 判断条件 2：
执行语句 2…
elif 判断条件 3：
执行语句 3…
else：
执行语句 4…
例如：

```
>>> number = 12
>>> if number == 10:
…    print('Hi,number 10')
… elif number < 10:
…    print('less than number 10')
… else:
…    print('greater than number 10')
…
greater than number 10
```

由于 Python 并不支持 switch 语句，所以多个条件判断，只能用 elif 来实现，如果需要同时判断多个条件：可以使用 or（或），表示两个条件有一个成立时，判断条件成功；使用 and（与），则表示只有两个条件同时成立的情况下，判断条件才成功。

【实例 1-31】同时判断多个条件。

```
>>> number=10
>>> name ='simon'
>>> if number==10 and name=='simon':
```

```
…     print('Hi,simon,number 10')
…
Hi,simon,number 10
```

1.6.2 循环语句

Python 中提供了两种主要的循环语句：for 和 while。

1. for 循环

Python 中的 for 循环可以遍历任何序列的项目，如一个列表或一个字符串，直到遍历完为止。for 循环语句的格式如下：

```
for 循环变量 in 循环项目：
    print(循环变量)
```

【实例 1-32】遍历列表。

```
>>> list=['Hi','my','name','is','simon']
>>> for str in list:
…     print(str)
…
Hi
my
name
is
simon
```

【实例 1-33】遍历集合。

```
>>> set={1,2,3,4,5,6}
>>> for num in set:
…     print(num)
…
1
2
3
4
5
6
```

【实例 1-34】遍历字典。

```
>>> dictionary = {'color':'red','name':'tom'}
>>> for str in dictionary:
…     print(str)
…
```

```
color
name
>>>
```

2. while 循环

Python 编程中 while 语句用于循环执行程序，即在某条件下，循环执行某段程序，以处理需要重复处理的相同任务。其基本形式为：

```
while 判断条件：
    执行语句…
```

执行语句可以是单个语句或语句块。判断条件可以是任何表达式，任何非零或非空（null）的值均为 True。当判断条件为 False 时，循环结束。

【实例 1-35】While 循环遍历小于 10 的数字。

```
>>> number = 1
>>> while number < 10:
...     print(number)
...     number = number + 1
...
1
2
3
4
5
6
7
8
9
```

1.6.3 自定义函数

函数是组织好的、可重复使用的，用来实现单一或相关联功能的代码段。函数能提高应用的模块性和代码的重复利用率。函数是具有名字的代码块，能够被程序根据实际需求而调用，进行不同的具体处理工作。

在自定义一个满足特定功能的函数时，以下是简单的规则：

1) 函数代码块以 def 关键词开头，后接函数标识符名称和圆括号( )。
2) 任何传入的参数和自变量必须放在圆括号中间。def（可以自定义形参）。
3) 函数的第一行语句可以选择性地使用文档字符串，用于存放函数说明。
4) 函数内容以冒号起始，并且缩进。
5) return[表达式]结束函数，选择性地返回一个值给调用方。不带表达式的 return 相当于返回 None。

Python 的函数分为自定义函数和内置函数，Python 中具有很多内置函数，例如 print( )等。

下面来自定义一些简单的函数。

1. 自定义带参数和不带参数的函数

```
>>> def function1():            #不带参数的函数
…       print('this is a function without parameter.')
…
>>> def function2(name='simon'):    #带参数的函数
…       print('this is a function with a parameter.')
…
>>> function1()
this is a function without parameter.
>>> function2()
this is a function with a parameter.
```

2. 使用了 return 的函数可以返回值

```
>>> def function1():
…       print('this is a function without return.')
…
>>> def function2(name='simon'):
…       print('this is a function with a return.')
…       return name
…
>>> function1()
this is a function without return.
>>> function2()
this is a function with a return.
'simon'
```

1.7 任务实现

【实例1-36】使用 PyCharm 实现一个"Welcome to Python!"程序。

1) 建立一个 PyCharm 项目,并命名为"Welcome to Python",如图1-32所示。

2) 将光标移到项目根节点,右击鼠标,从快捷菜单中选择"New"→"Python File"如图1-33a 所示,这样就可以在 PyCharm 中创建一个基于当前基础解释器的作为编程环境的 Python 文件。在此,将该文件命名为"Welcome to Python",如图1-33b 所示。

3) 在右侧编辑栏中声明一个变量 str,并将字符串"Welcome to Python!"赋值给变量 str。然后使用方法 print() 输出 str。

```
str = 'Welcome to Python!'
print(str)
```

单击右边最上方的"运行"按钮,运行"Welcome to Python!"程序,如图1-34所示。

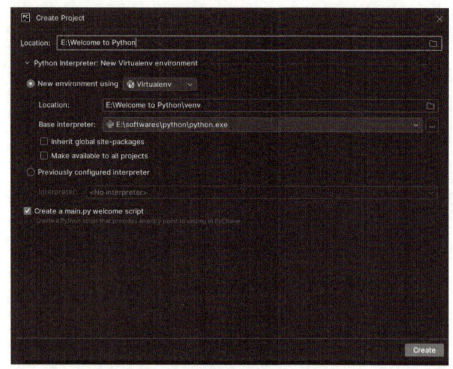

图 1-32 建立项目并命名

a)

图 1-33 创建 Python 文件并命名
a) 创建 Python 文件的过程

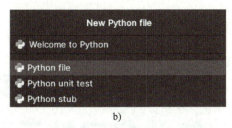

b)

图 1-33　创建 Python 文件并命名（续）

b）给 Python 文件命名

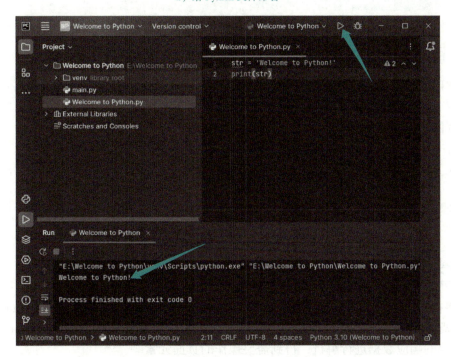

图 1-34　"Welcome to Python!"程序示例

1.8　小结

通过本章的学习，读者了解了 Python 的基本含义，掌握了如何在 Windows 操作系统中搭建 Python 的编程环境（源码安装和 Anaconda），并安装 PyCharm。读者还了解了如何在其他操作系统中安装 Python。同时，读者学习了 Python 的基础语法知识：数据类型和函数语句。最后，读者可通过 PyCharm 实现一个"Welcome to Python!"程序。

1.9　习题

1. 通过 PyCharm 建立一个项目，项目名称自定。在该项目中实现一个"Welcome to Python!"程序。

2. 通过 PyCharm 建立一个项目，项目名称自定。在该项目中定义一个列表，并使用列表函数 append() 向该列表中添加数据，最后使用 for 循环语句遍历输出。

任务 2 实现简单数据采集——采集业务网站页面数据

学习目标

- 了解网络爬虫的基本概念和法律道德
- 了解 Python 爬虫的工作过程
- 掌握网络基础知识
- 了解并搭建基于 Python 的爬虫环境
- 掌握 Python 爬虫库的安装及使用方法

本章主要介绍用 Python 爬虫实现网站页面爬取的实例,讲解爬虫基础知识,爬虫会用到的库的安装和使用方法,以及一些基础的网络知识。

2.1 任务描述

本章将搭建基于 Python 的爬虫环境,安装 requests 库、lxml 库和 Beautiful Soup 库。使用 requests 对需要爬取的业务网站网页提出请求并获得响应数据,使用 lxml 和 Beautiful Soup 对 requests 获得的响应数据进行解析,得到需要操作的页面元素。

2.2 爬虫基础知识

2.2.1 网络爬虫概述

爬虫分为横向爬虫和纵向爬虫。横向爬虫主要面向大范围非精确信息的爬取,适用于舆情等概要信息的收集。纵向爬虫主要面向小范围精确信息的爬取,适用于针对某个具体行业的数据获取。

目前,横向爬虫性价比较高,且开源较多。纵向爬虫由于往往需要精确的需求分析,量身打造,因此开源很少。

2.2.2 爬虫的法律和道德

数据采集是获取数据的重要手段,对各行各业的决策和业务发展都具有十分重要的意义。通过采集广泛、多维的数据源获取更多更全面的数据,不仅可以进一步提高业务决策精度,还能够不断优化业务流程,及时发现存在的问题,进一步提高业务效率和质量。

技术的中立性是指技术被创造的本意并不具有可归责性,因为其在被创造时并不具有非法的目的。网络数据采集技术也一样,因此鉴别采集数据的合法性应当从采集数据目的的合法性、采集行为合法性和采集数据类型合法性着眼。

1）采集网络数据目的的合法性。

网络数据采集技术本身是中立的，但是如果目的是非法的，那么就落入了法律禁止的范围。

2）采集网络数据行为合法性。

采集网络数据行为的合法性主要取决于是否在法律法规等允许范围内，主要有以下几个类型：符合知识产权法律的采集行为、符合网站协议的采集行为和符合个人信息保护法的采集行为。《中华人民共和国反不正当竞争法》的第九条规定了经营者不得实施的侵犯商业秘密的行为。

3）采集网络数据类型合法性。

2022年11月发布的《中华人民共和国反不正当竞争法（修订草案征求意见稿）》的第十八条中指出，经营者不得不正当获取或者使用其他经营者的商业数据，经营者不得违反约定或者合理、正当的数据抓取协议，获取和使用他人的商业数据。网络运营者对于其开发的数据产品应享有独立的财产性权益。

总之，"网络爬虫"这个名字虽然能够形象地描述这项技术，但是关于其利弊仍存在很多声音。从道德角度来看，网络数据采集技术频繁访问网站，可能会导致该网站的资源被占用，给用户的个人信息和商业信息带来风险。

目前我国还没有专门针对网络数据采集技术的法律或者规范。由于网络数据采集技术程序可以高效地收集信息，因此必然迎来飞速发展，而且随着数据产业的发展，数据资源价值日益凸显，网络数据采集相关问题和争议也会越来越多，相关人员必须高度重视合法合规，不侵害各方利益，主动积极规避风险，促进技术良性发展。

2.2.3 Python 爬虫的工作过程

爬虫的工作原理其实和使用浏览器访问网页的工作原理是完全一样的，都是根据 HTTP 协议来获取网页内容的。其工作流程主要包括如下步骤：

1）连接 DNS 域名服务器，将待抓取的 URL 进行域名解析。

2）根据 HTTP 协议，发送 HTTP request（请求）和 response（响应）来获取网页内容。

一个完整的网络爬虫基础框架如图 2-1 所示。

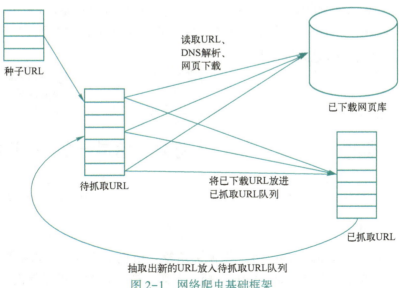

图 2-1　网络爬虫基础框架

2.3 网络知识基础

除了 Python 之外，爬虫涉及的基本技术还包括 HTTP 协议、requests、Beautiful Soup。
- HTTP 协议是指超文本传送协议，它是一种网络通信协议。
- requests 是一个专门用于编写爬虫的请求库。
- Beautiful Soup 是一个专门用于解析爬虫所爬取的页面数据的解析库。

2.3.1 HTML

1. HTML 基础

HTML（Hyper Text Markup Language，超文本标记语言）使用起来比较简单，功能强大，具有可扩展性、平台无关性、通用性等特性。它使用标签的形式描述网页的内容，可见 HTML 并不是一种编程语言，而是一种标记语言。网页本身就是一个文本文件，通过在文本文件中加入特定标记，浏览器能够快速、顺序地识别网页内容。

2. HTML 页面基本结构

- <!DOCTYPE html>表示这是一个文本类型的 HTML 文件。
- <html>表示这是一个文本类型，并且遵守 HTML 规范和标准。
- <head>表示页面的头部信息，用于描述页面的概要信息，如标题、语言和字符集等。
- <meta>表示页面的元信息，即基本信息。它放在<head>标签之中，可以实现对网页特定内容的操作，例如，清除页面缓存，以及给搜索引擎提供搜索支持等。
- <title>表示页面的标题。
- <body>表示页面的主体内容。浏览器的显示区域就是<body>的工作范围。<body>可以看作一个容器，里面可以包含其他标签。

3. 一个 HTML 实例

1）编写一个文本文件的网页内容，如图 2-2 所示。

2）浏览器会解析这个文本文件中的各种 HTML 标签语言，并根据该标签语言进行渲染。其中，<head>标签表示该 HTML 页面的头部主要信息，包括<meta charset="UTF-8">字符集类型和<title>页面标题。<body>标签表示页面主体中的呈现的内容，如图 2-3 所示。

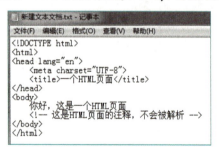

图 2-2 编写文本文件的网页内容

图 2-3 HTML 渲染效果

2.3.2 URI 和 URL

URI（uniform resource identifier，统一资源标识符）由包括确定语法和相关协议的方案所定义。Web 上可用的每种资源，如 HTML 文档、图像、视频片段、程序等由一个 URI 定位。

URI 是以一种抽象的、高层次概念定义的统一资源标识，URL（uniform resource locator，统一资源定位符）则是具体的资源标识方式。URL 是 URI 的一个子集。URL 可以用来标识一个资源，而且还指明了如何定位这个资源。URL 是对互联网上可得到资源的位置和访问方法的一种简洁表示，是互联网上标准资源的地址。互联网上的每个文件都有一个唯一的 URL，该 URL 包含的信息指出文件的位置以及浏览器应该怎么处理它。图 2-4 所示为一个 URL，其各个组成部分的含义如下：http 表示使用的网络协议；hostname 是解析后指向的 IP 地址；port 表示程序指定的端口号；/CSS 是需要访问的文件路径；"?"后面跟传递的参数；"#"表示指定的页面位置。

图 2-4　URL 示例

2.3.3　HTTP

HTTP 是指超文本传输协议，是一种网络通信协议。它主要包括 URL、Request 和 Response。

网络中的设备能够基于该协议进行网络资源的交互。与两个使用不同语言的人进行交流类似，可能会遇到沟通障碍，但借助翻译工具或翻译人员，他们就可顺利地交流了。在网络中，这样的交流发生在客户端和服务器之间。客户端的浏览器通常是具体 Request 的发起者，而服务器通过 Response 将数据返回给客户端浏览器。客户端和服务器之间交流的内容通常是 text（文本）、CSS（层叠样式表）、image（图片）、video（视频）、script（脚本）等内容组成的 Web 文件，如图 2-5 所示。

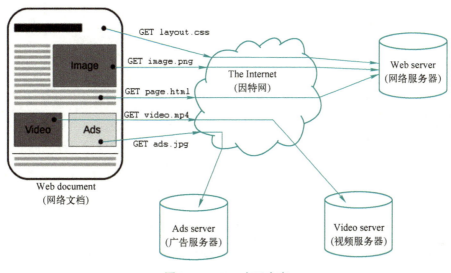

图 2-5　HTTP 交互内容

2.3.4 Request 和 Response

在网络通信过程中，需要使用基于 HTTP 协议的 Request（即"请求"），向 URL 所在的服务器请求数据。然后，该服务器通过 Response（即"响应"），将所需数据返回客户端。实际上，输入 URL 后，浏览器给 Web 服务器发送了一个 Request，Web 服务器接到 Request 之后进行处理，生成相应的 Response，然后发送给浏览器，浏览器解析 Response 中的 HTML，这样用户就看到了网页，如图 2-6 所示。

图 2-6　Request 和 Response 交互过程

Request 是指通过客户端浏览器向服务器发起信息请求的内容，把需要请求的具体内容包括浏览器的信息、HTTP 的状态参数以及客户端的 Cookie（即小型文本文件），按照特定的网络协议编码。因此，服务器收到 Request 之后就可以清楚地知道是谁在请求数据，它有没有请求过数据，对应客户端的 Session（即"会话"）是否有内容，以及应该返回哪些数据。

Response 是指服务器向客户端返回数据的响应。服务器在收到客户端请求之后，根据客户端提供的需求和状态，立刻生成对应的页面信息和 Cookie，并返回给客户端。

图 2-7 所示是访问业务网站首页过程中 Request 和 Response 的交互信息。

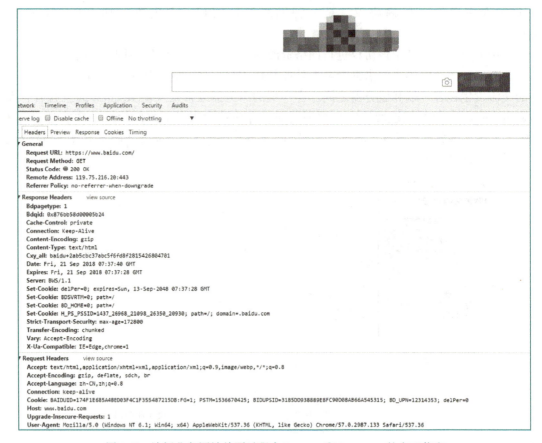

图 2-7　访问业务网站首页过程中 Request 和 Response 的交互信息

2.4 requests 库

2.4.1 requests 库概述

requests 库是 Python 中的一个 HTTP 网络请求库，用来简化网络请求。通过引用 requests 库，其中的成员（方法和对象的属性）得以被调用。requests 库成员如图 2-8 所示。

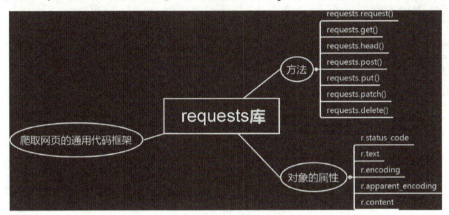

图 2-8　requests 库成员

2.4.2 requests 库安装

在 PyCharm 中，依次完成如下操作：

1）在 PyCharm 中执行"File"→"Settings"，如图 2-9a 所示。

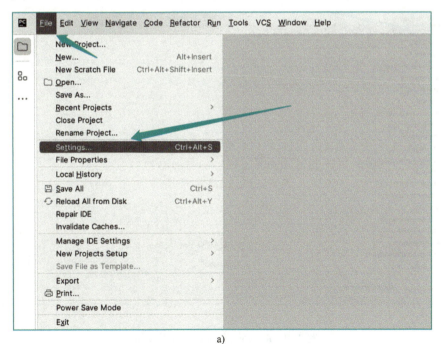

a)

图 2-9　requests 库的安装过程

a）选择项目设置

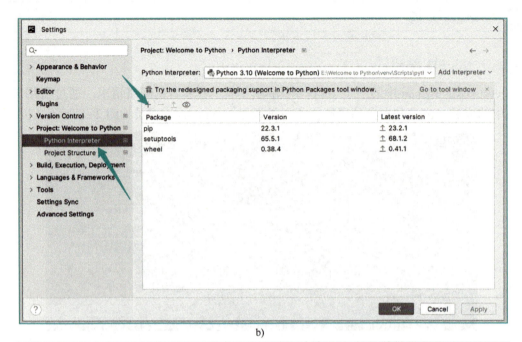

b)

c)

图 2-9　requests 库的安装过程（续）
b）选择项目解释器　c）安装 requests

2）弹出"Settings"对话框，在左侧中选择"Project：Welcome to Python"下的"Python Interpreter"，然后单击右上角的"+"，如图2-9b所示。

3）在搜索文本框中输入"requests"，单击左边列表中出现的"requests"，然后单击下方的"Install Package"按钮，如图2-9c所示。

2.4.3 requests库的基本用法

1. requests库的常用方法

（1）request()

requests.request()用于生成一个请求。这是一个总方法，可以通过传入不同的参数实现不同的目的。语法为：

> requests.request(method,url,**kwargs)

参数说明：

1）method表示7种请求方式，分别为GET、POST、HEAD、PUT、PATCH、DELETE，必填。

2）url表示拟获取页面的URL链接，必填。

3）**kwargs表示可选的控制访问参数，共13个。

① params：字典或字节序列，作为参数增加到URL中。

② data：字典、字节序列或文件对象，作为request的内容。

③ json：JSON格式的数据，作为request的内容。

④ headers：设置request的请求头部信息，用于告知被访问网站当前访问请求的浏览器基本信息，便于被访问网站根据该浏览器信息进行兼容处理，字典类型，如{'user-agent':'my-app/0.0.1'}（模拟浏览器进行访问）。

⑤ cookies：设置cookie用于保存本地浏览器在访问网站过程中输入的各种基本信息，如账号和密码等，数据类型为字典类型，如{"key":"value"}。

⑥ auth：元组格式的数据，用于支持HTTP认证功能，可以输入访问网站需要的用户名和密码等数据，如auth=(uname,upsd)。

⑦ files：字典类型，传输文件，向服务器传输文件，如files=文件名。

⑧ timeout：设定超时时间，单位为秒。

⑨ proxies：设置代理，字典类型，如{"http":"http://10.10.1.10:8080"}。

⑩ allow_redirects：True或False，默认为True，重定向开关。

⑪ stream：True或False，默认为True，获取内容立即下载开关。

⑫ verify：True或False，默认为True，认证SSL（即安全套接字层）证书开关。

⑬ cert：本地SSL证书路径。

【实例2-1】使用requests.request()方法将字典数据作为参数，获取Github的API数据。

```
dic={'q':'crawler'}          #定义一个字典数据
r=requests.request('GET','https://api.github.com/search/repositories',params=dic)
#使用GET参数调用get()方法，指定url为Github的开放API，设置params为dic
print(r.url)                 #获取请求内容
https://api.github.com/search/repositories?q=crawler     #返回的结果
```

(2) get( )

requests.get( )是使用 GET 方法获取指定的 URL。语法为：

```
r = requests.get(url, params = { }, headers = { }, cookies = { }, allow_redirects = True, timeout = float, proxies = { }, verify = True)
```

【实例 2-2】使用 requests.get( )方法将字典数据作为参数，获取 Github 的 API 数据。

```
content = {'q':'crawler','per_page':'5'}
r = requests.get('https://api.github.com/search/repositories', params = content)
print(r.url)        #获取请求内容
https://api.github.com/search/repositories? q=crawler&per_page=5    #返回的结果
```

(3) post( )

requests.post( )是使用 POST 方法获取指定 URL。以表单形式发送数据时，只需传递一个字典给 data 关键字，在发送请求时，就会自动编码为表单的形式。语法为：

```
requests.post(url, data = { }, headers = { }, cookies = { }, json = '', files = { }, allow_redirects = True, timeout = float, proxies = { }, verify = True)
```

【实例 2-3】使用 requests.post( )方法将字典数据作为参数，获取 Github 的 API 数据。

```
content = {'id':'crawler','pwd':'123'}
r = requests.post('http://www.xxx/api/login.aspx', data = content)
#以表单数据的形式向 http://www.xxx/api/login.aspx 发送数据
```

(4) head( )

requests.head( )是使用 HEAD 方法获取页面的头部信息。

【实例 2-4】使用 requests.head( )方法获取指定 URL 的头部信息。

```
r = requests.head("http://www.baidu.com/")    #获取业务网站页面的头部信息
print(r.headers)
{'Server': 'bfe/1.0.8.18', 'Date': 'Sat, 24 Nov 2018 04:29:18 GMT', 'Content-Type': 'text/html', 'Last-Modified': 'Mon, 13 Jun 2016 02:50:08 GMT', 'Connection': 'Keep-Alive', 'Cache-Control': 'private, no-cache, no-store, proxy-revalidate, no-transform', 'Pragma': 'no-cache', 'Content-Encoding': 'gzip'}
                                              #返回的结果
```

2. requests 库的对象属性

1）requests.status_code 是指返回的状态码。

2）requests.text 是指返回的页面内容。

3）requests.encoding 是指返回页面内容所使用的可能的编码格式。如果网页没有设置 charset 的值，就使用默认的编码格式。

4）requests.apparent_encoding 是指返回对页面内容分析后的编码格式。

5）requests.content 是指以二进制的形式返回 response 的内容。

3. 一个简单的 requests 库实现案例

使用 requests 库显示业务网站页面的各属性值。

1）在 Python 文件中导入 requests 库。

```
import requests
```

2）使用 requests.get( )方法获得指定 URL。

```
req=requests.get('https://www.baidu.com')
```

3）查看返回的 requests 对象的属性值。

```
print(req.status_code)
print(req.encoding)
print(req.text)
print(req.content)
```

4）显示结果，如图 2-10 所示。

图 2-10　业务网站页面的对象属性值

2.5　lxml 库和 BeautifulSoup 库

2.5.1　lxml 库概述

lxml 库是用于解析基于 XML 数据结构数据的解析库。lxml 库具有解析速度快、解析功能完善以及应用简单可靠等特点，特别是与 Python API 高度兼容（超过著名的 ElementTree API）。因此，lxml 库在 Python 中得到非常广泛的应用。

2.5.2　BeautifulSoup 库概述

HTML 网页数据包含各种标签、类和属性，并且具有很好的层级关系。如何高效、准确地获取某个节点，是需要重点考虑的问题。BeautifulSoup 是一款非常好的解析库。它可以从 HTML 或 XML 文件中提取数据。它能够非常容易地通过网页结构和属性提取特定的网页内容，并且提供基于 Python 的函数和自动转换编码方式，通过友好的转换器实现惯用的文档导航、查找、修改文档的方式。它位于一个 HTML 或 XML 解析器之上，为迭代、搜索和修改解析树提供 Python 特有风格的操作。

2.5.3　lxml 库和 BeautifulSoup 库安装

使用 requests 库的方法抓取了业务网站的页面数据后，可以使用解析库 lxml 和 BeautifulSoup 有针对性地提取所需数据。

1. lxml 库的安装

lxml 的解析功能非常强大，效率非常高。参照 2.4.1 节 requests 库的安装步骤安装 lxml 库，如图 2-11 所示。

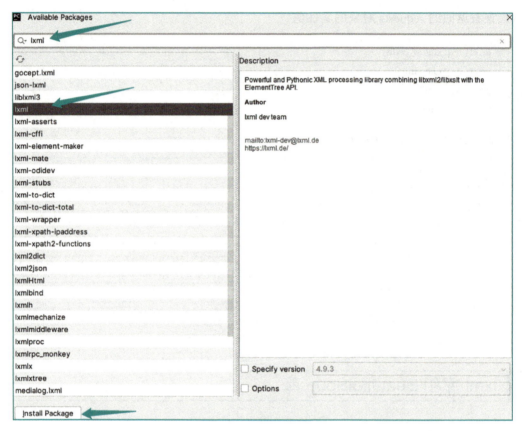

图 2-11　lxml 库的安装

2. BeautifulSoup 库的安装

在安装 BeautifulSoup 库之前，请确保已经成功安装了 lxml 库。参照 2.4.1 节 requests 库的安装步骤安装 BeautifulSoup 库，如图 2-12 所示。

2.5.4　lxml 库和 BeautifulSoup 库的基本用法

在完成了上述安装工作之后，可以使用它们了。现在将介绍 lxml 库和 BeautifulSoup 库的基本用法。

1. 使用 BeautifulSoup 读取指定 HTML 文件或文档对象模型

导入了 BeautifulSoup 库之后，就可以使用其 open() 方法，通过传入指定的 HTML 文件获

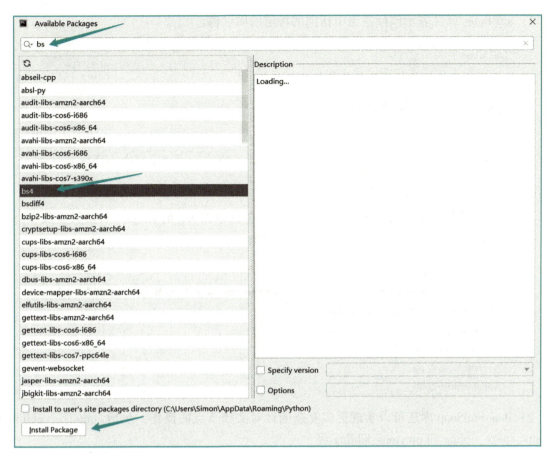

图 2-12　bs4（BeautifulSoup）库的安装

得文档对象。这里也可以直接使用 BeautifulSoup 类通过传入文档对象标签直接初始化。这里如果没有指定解析库的话，系统会默认使用"lxml"。

```
from bs4 import BeautifulSoup
soup = BeautifulSoup(open("web.html"))
soup = BeautifulSoup("<html><p>contentone</p><b>contenttwo</b></html>")
```

2. BeautifulSoup 的 TAG 对象是与其一一对应的

```
soup = BeautifulSoup('<p class="sc">content</p>')
tag = soup.p
type(tag)
<class 'bs4.element.Tag'>
```

Tag 有很多方法和属性，其中最重要的属性包括 name、attributes 和 string。

1) name 属性表示该标签指向的标签类型。

```
tag.name
u'p'
```

2)attributes 属性表示该标签当中指向的特定的属性值。

```
tag['class']
u'sc'
```

3)string 属性表示该标签中显示的文本内容。

```
tag.string
u'content'
```

3. 使用文档节点树遍历和查询文档对象

1)操作文档节点树最简单的方法就是告诉它想获取的 tag 的 name。如要想获取 <p> 标签,可以用 soup.p。下面以 doc_html 为例进行说明。

```
from bs4 import BeautifulSoup
doc_html = "<html><body><p>contentone</p><b>contenttwo</b></body></html>"
soup = BeautifulSoup(doc_html,"lxml")
print(soup.p)
print(soup.html.body.b)
<p>contentone</p>
<b>contenttwo</b>
```

2)BeautifulSoup 库还可以实现更多复杂的针对文档节点的操作,包括 contents、children、parents、next_sibling 和 previous_sibling 等。

```
doc2_html = "<html><body><p>contentone</p><b>contenttwo</b></body></html>"
soup = BeautifulSoup(doc2_html,"lxml")
```

3)contents 属性可以将 tag 的子节点以列表的形式输出。

```
print(soup.contents)
print(soup.contents[0].contents)
print(soup.contents[0].contents[0].contents)
```

输出结果如下:

```
[<html><body><p>contentone</p><b>contenttwo</b></body></html>]
[<body><p>contentone</p><b>contenttwo</b></body>]
[<p>contentone</p>, <b>contenttwo</b>]
```

4)children 生成器可以对 tag 的子节点进行循环。

```
for child in soup.children:
    print(child)
```

输出结果如下:

```
<html><body><p>contentone</p><b>contenttwo</b></body></html>
```

5) parent 属性可以获取某个元素的父节点。

```
tag_p = soup.p
tag_p_parent = tag_p.parent
print(tag_p_parent)
```

输出结果如下。

```
<body><p>contentone</p><b>contenttwo</b></body>
```

6) next_sibling 和 previous_sibling 属性可以查询兄弟节点。

```
tag_p_next_sibling = soup.p.next_sibling
tag_b_previous_sibling = soup.b.previous_sibling
print(tag_p_next_sibling)
print(tag_b_previous_sibling)
```

输出结果如下：

```
<b>contenttwo</b>
<p>contentone</p>
```

2.6 任务实现

2.6 任务实现

本任务将使用 BeautifulSoup、lxml 库和 requests 库完成对业务网站标题的爬取和解析。

1) 在 Python 文件中导入 requests 库和 BeautifulSoup 库。

```
from bs4 import BeautifulSoup
```

2) 使用 requests.get()方法获得指定页面数据。

```
req = requests.get('https://www.baidu.com')
```

3) 由于 requests 对象的默认 charset 不是 utf-8,因此可能导致乱码,需要首先设置 requests.encoding = 'utf-8'。

```
req.encoding = 'utf-8'
```

4) 在 BeautifulSoup 中以 lxml 作为解析器,解析 request.text 得到的页面数据。

```
soup = BeautifulSoup(req.text, 'lxml')
```

5) 输出指定的页面标签文本。这里介绍两种方式。
第一种：直接使用需要查找的标签名。

```
print(soup.title.string)
```

第二种：使用 select 方法选择需要查找的标签路径。

```
print(soup.select('head > title')[0].text)
```

标签路径可以通过浏览器的开发者工具获取。具体方式是：打开指定页面；单击〈F12〉，打开"开发者工具"；选择指定的页面元素；单击鼠标右键，从快捷菜单中选择"Copy"→"Copy selector"，如图 2-13 所示。

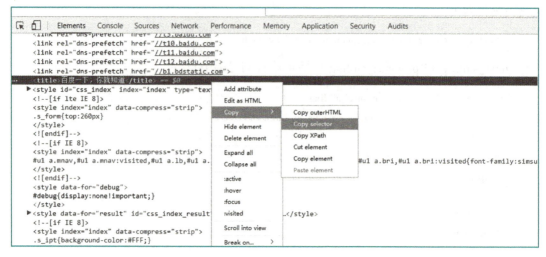

图 2-13 获得页面元素标签路径

这样就使用 requests 和 BeautifulSoup 成功地抓取了业务网站页面中标签为<title>的文本内容。完整代码如下：

```
import requests
from bs4 import BeautifulSoup
req = requests.get('https://www.baidu.com')
req.encoding = 'utf-8'
print(req.status_code)
print(req.encoding)
print(req.text)
print(req.content)
soup = BeautifulSoup(req.text, 'lxml')
print(soup.title.string)
print(soup.select('head > title')[0].text)
```

2.7 数据预处理基础

2.7.1 数据预处理概述

数据预处理是指在进行数据分析或机器学习任务之前，对原始数据进行清洗、转换和整理的过程。由于原始数据通常存在缺失、重复、噪声和不一致等问题，因此数据预处理旨在提高数据质量，使数据适用于后续分析和建模。数据预处理的一般流程如图 2-14 所示。

图 2-14 数据预处理的一般流程

2.7.2 数据清洗

数据清洗的主要目的是确保数据质量，消除"脏"数据，提高数据的可信度和可用性。数据清洗主要用于解决原始数据中存在的缺失、重复、噪声问题，上述三类问题是由于数据中存在缺失值、重复值以及异常值引起的。

1. 缺失值处理

缺失值指的是在数据集中某个属性的取值为空值或未定义。具体而言，缺失值是指某些数据项缺少相应的观测值或信息。通常情况下，缺失值用特定符号（如 NaN、NA、null 等）表示。由于缺失值的存在会导致模型的偏差，影响最终的决策效果，因此需要对缺失值予以处理。

常见的处理缺失值的方式包括删除、填充和插值法。

如果缺失值的数量较少，并且缺失值不会对分析结果产生显著影响，可以考虑直接删除包含缺失值的数据行或列，也可以合理使用统计量（如均值、中位数、众数）来填充缺失值，以便较好地保持数据的分布特征。

插补缺失值相对复杂与灵活，常用的插值法包括线性插值法、多项式插值法等。简单来说，线性插值法假设数据点之间存在直线关系，通过已知数据点之间的直线来逼近其他位置的数据值，这种方法适用于数据点之间变化趋势较为平滑的情况。多项式插值法通过在给定数据点上拟合一个多项式函数，来得到数据点之间的曲线关系。拉格朗日插值法和牛顿插值法是常见的多项式插值法。

下面介绍用线性插值法填充缺失值。有一份包含某地一年气温变化趋势的数据集（见表 2-1），但由于某种原因，其中某些月份的气温数据缺失，需要补充这些月份的缺失值以便更好地了解气温的变化趋势。

表 2-1 某地一年气温变化趋势

月份	1	2	3	4	5	6	7	8	9	10	11	12
气温/℃	5	7	NaN	NaN	15	18	NaN	25	NaN	20	18	10

补充缺失值的具体步骤如下：

1）确定缺失值位置。确定数据集中缺失值的位置，即月份为 3、4、7 和 9 的位置。

2）确定插值区间。对于每个缺失值，确定其前后最近的两个非缺失值所在的区间，作为插值的区间。

3）计算斜率和截距。对于每个插值区间，计算其斜率和截距。斜率可以通过两个非缺失值数据点的斜率来计算。

4)计算插值。使用计算得到的斜率和截距,以及缺失值所在的月份,计算缺失值的插值结果。

5)填充缺失值。将插值结果填充到原始数据集的缺失值位置上。

假设需要计算 3 月份的缺失值:

1)插值区间为(2,5)。

2)计算斜率 m 和截距 c。

$$m = \frac{15-7}{5-2} = \frac{8}{3}$$

$$c = 7 - \frac{8}{3} \times 2 = \frac{5}{3}$$

3)得到 3 月份的插值结果 y。

$$y = \frac{8}{3} \times 3 + \frac{5}{3} = \frac{29}{3}$$

通过类似步骤,可以计算其他缺失值的插值结果,并填充到原始数据集中。

2. 重复值处理

重复值是指在数据集中出现了多次的相同记录或样本。这些重复值产生的原因可能是数据采集或录入过程中的错误、系统故障或重复数据源等。存储和处理重复值会占用额外的存储空间和计算资源,降低数据处理效率。此外在数据分析中,重复值可能导致结果的偏离和误导,影响分析的准确性和可靠性,因此需要处理。

常见的处理方式是直接删除重复值,只保留数据集中的唯一记录。需要注意的是,在某些情况下可能需要保留重复值,可以在数据集中添加一个额外的标志列,用于标记每个记录是否为重复值。

3. 异常值处理

异常值是指与大多数数据明显不同的观测值或记录,即在数据集中具有显著的偏离趋势或分布规律的数据点。异常值通常是测量误差、数据录入错误、设备故障、自然变化或其他异常情况导致的。

首先,对数据集进行异常值检测,识别出可能的异常值。常用的检测方法包括基于统计学的方法,如箱线图、Z 分数法。其中 Z 分数法是一种常用的基于统计学的异常值检测方法,也称为标准化残差法。它通过计算数据点与数据集均值的偏差量(标准差的倍数)来评估数据点的异常程度。常见的异常值处理方式为删除、替换。通常,异常值会被替换为数据集的平均数、中位数、众数或其他合适的值。

下面以 Z 分数法为例,来实现异常值的识别。

人口数量是与经济发展密切相关的。某省份人口数量的异常值可能反映了该省份的经济活动水平、产业结构等方面存在的问题。政府可以针对这些问题制定促进经济发展的政策,提升该省的竞争力和发展水平。假设现有六个省份的人口数量数据(单位:万人)如下:

$$X = \{8000, 6000, 7000, 7500, 5500, 5000\}$$

1)计算均值 $\bar{x}$ 和标准差 s。

$$\bar{x} = \frac{8000+6000+7000+7500+5500+5000}{6} = 6500$$

$$s = \sqrt{\frac{(8000-6500)^2+(6000-6500)^2+\cdots+(5000-6500)^2}{6}} \approx 1080.1$$

2）计算各省 Z 分数。

$$z_1 = \frac{8000-6500}{1080.1} \approx 1.39$$

$$z_2 \approx \frac{6000-6500}{1080.1} \approx -0.46$$

$$z_3 \approx \frac{7000-6500}{1080.1} \approx 0.46$$

$$z_4 \approx \frac{7500-6500}{1080.1} \approx 0.93$$

$$z_5 \approx \frac{5500-6500}{1080.1} \approx -0.93$$

$$z_6 \approx \frac{5000-6500}{1080.1} \approx -1.39$$

3）判定异常值。

最后我们根据设定的阈值（通常为 2 或 3），判断哪些省份的人口数量为异常值。如果 Z 分数超过阈值，其对应人口数量为异常值。

在这个例子里，选择阈值为 2，即如果 Z 分数超过 2，则被视为异常值。根据计算结果，各省份的 Z 分数在[-2,2]区间，因此不存在异常值。

总体来说，数据清洗是数据预处理过程中至关重要的一环。它旨在确保数据的质量和可靠性，以提高数据分析的准确性和有效性。在数据清洗过程中，要会识别和纠正数据集中的各种问题数据，如缺失值、重复值、异常值等，以确保数据的完整性、一致性和可用性。通过清洗数据，可以消除潜在的错误和偏差，使得数据更加可靠、适用于后续分析和建模工作。数据清洗不仅是数据科学和机器学习项目中不可或缺的一步，也是保障数据驱动决策准确性的关键环节。

2.7.3　数据集成

数据集成是将不同来源、不同格式、不同结构的数据整合到一个统一的数据存储或数据集中。数据集成旨在消除"数据孤岛"，使得数据可以在同一个平台或系统下进行统一管理和分析，从而提高数据的可用性和价值。

在数据集成过程中，需要考虑以下几个问题：

1. 实体识别

实体识别是指在不同数据源中，相同实体因命名或者单位不统一而识别困难。常见的情况主要有以下三类：

1）异名同义：不同数据源中用于表示相同实体的字段名称不一致，如在销售数据集 A 中，客户信息可能由"客户 ID"字段表示，而在数据集 B 中可能由"顾客编号"字段表示，但它们实际上代表相同的实体。

2）同名异义：不同数据源中存在相同字段但表示不同意义的情况。如数据源 A 和数据源 B 中的 Date 字段，A 中描述的是产品生产日期，B 中描述的是产品过期日期。

3）单位不一致：同一实体的单位不一样，如数据源 A 和数据源 B 的 salary 字段都记录了员工的薪水，但是 A 中是以元为单位的，B 中是以千元为单位的。

2. 冗余属性

冗余属性是指不同数据源中存在相同或冗余的属性，增加了数据集的维度和复杂度。常见的情况包括不同数据源中包含相同或类似的属性，或者某些属性与其他属性高度相关，导致数据集中存在冗余信息。如在一个客户信息数据集中，可能同时包含"客户姓名"和"客户姓名拼音"这两个属性，但它们实际上代表相同的信息，因此造成了冗余。

3. 元组重复

元组重复是指不同数据源中存在完全重复的记录或部分重复的记录，导致数据集的冗余和不一致。常见的情况是数据集中包含完全相同的记录或者部分字段相同的记录，而这些记录实际上代表相同的实体。如在销售订单数据集中，可能存在完全相同的订单记录或者同一订单的部分信息重复的多条记录，导致数据集中存在元组重复问题。

2.7.4 数据转换

数据转换是指将原始数据按照一定规则或方法进行改变，以获得更适合特定分析或应用场景的数据形式。比如当数据分布存在严重偏态时，可以采用对数变换或幂函数变换等数据转换方法调整数据的分布形态。具体而言，如果原始数据集中包含收入数据，呈现出右偏的分布，可以对收入数据进行对数变换，使其更接近正态分布。这种转换有助于改善数据的对称性，减少异常值的影响，提高模型的性能和稳定性。

数据类型转换是一种基本转换操作，如字符串格式转为日期格式。

轴向旋转即将行数据重新排列成列数据，这种操作通常发生在需要将某些特征值作为列来展示的情况下，如将日期作为行索引，某些分类变量作为列索引，然后在每个单元格中填入相应的数值。

分组与聚合，即根据某些特征值划分数据，并对划分后的数据进行分组汇总的操作。如根据某一列的数值或者类别分组，然后对每个分组做统计计算，比如计算每个分组的平均值、总和等。

稍复杂且常见的操作包括数据标准化、特征编码、数据泛化。

（1）数据标准化

将数据缩放到相似的范围，如[-1,1]，这有助于确保不同特征或变量的值之间具有可比性，避免某些特征或变量对模型的影响过大。

常见的数据标准化处理有最小-最大标准化、均值标准化。

最小-最大标准化是将数据线性地缩放到一个指定的范围，通常是[0,1]之间。具体计算公式为

$$x' = \frac{x - \min(x)}{\max(x) - \min(x)} \tag{2-1}$$

式中，x 是原始数据，x' 是标准化后的数据。该方法保留了原始数据的分布形状和相对距离，适用于对数据范围没有要求的情况。

均值标准化将数据缩放到以 0 为中心的范围，使其均值为 0。具体计算公式为

$$x' = \frac{x - \text{mean}(x)}{\max(x) - \min(x)} \tag{2-2}$$

式中，x 是原始数据，x' 是标准化后的数据。该方法保留了数据的相对关系，同时使得数据的均值为 0，适用于对数据中心化要求较高的情况。

（2）特征编码

将非数值型数据（例如类别型数据）转换为数值型数据，以便模型能够理解和处理。常见的编码方法包括独热编码、标签编码等。

独热编码是一种常用的分类变量编码方法，用于将分类变量转换为一组二进制编码的形式，以便用于机器学习模型中。它将每个类别值映射到一个由 0 和 1 组成的向量，其中只有一个元素为 1，表示当前类别，而其他元素为 0。

具体来说，假设有一个分类变量"颜色"，包含红色、蓝色和绿色三个类别。使用独热编码后，将得到以下编码：

> 红色：1,0,0
> 蓝色：0,1,0
> 绿色：0,0,1

这样，原始的分类变量被转换为三个二进制变量，分别表示红色、蓝色和绿色三个类别。这种编码方式可以避免模型将类别之间的距离误解为连续变量，从而更好地表达了分类变量的离散性质。

另外，如果分类变量有多个类别，对于每一个类别都使用类似的编码方式，那么所有类别对应的向量长度相同，每个向量中仅有一个元素为 1，其他元素均为 0。

（3）数据泛化

数据泛化将数据合并为更高层次的结构。例如，每一年的年份是一个低层次的概念，它经过泛化处理后可以变成不同的年代。

2.7.5 数据规约

数据规约是指在数据预处理过程中，通过减少数据量或特征数量，来降低数据复杂性和提高处理效率的过程。数据规约在保留数据中重要信息的同时，也减少数据的冗余和噪声。

数据规约的主要目的包括：

- 提高处理效率。减少数据量和特征数量，可以显著提高数据处理和分析的效率，这对于大规模数据集来说尤为重要。
- 降低存储成本。减少数据量可以节省存储空间成本，这对于需要长期存储大量数据的应用场景来说尤为重要。
- 改善模型性能。通过降低数据复杂性和冗余性，可以减少模型过拟合的风险，提高模型的泛化能力和预测准确性。

数据规约主要分为三类，分别是维度规约、数量规约和数据压缩。

（1）维度规约

维度规约是指通过减少特征的数量来降低数据的维度，以便更轻松地分析和处理数据。它通常通过特征选择或特征抽取来实现。

主成分分析（PCA）是一种常用的维度规约方法。假设有一个包含许多特征的数据集，但我们只对其中一部分特征感兴趣，或者其他特征可能是噪声或冗余的。通过主成分分析，可以将原始特征转换为一组新的、线性不相关的特征，这些新特征被称为主成分，它们可以更好地描述数据的结构和变化。这样，就可以用较少的主成分来代表原始数据，从而实现维度的降低。

（2）数量规约

数量规约是指通过减少数据实例或样本的数量来降低数据的规模，以便更有效地处理和分析数据。它通常通过抽样或过滤来实现。

随机抽样是一种常用的数量规约方法。假设有一个大型数据集，但用户计算资源有限，无法同时处理所有数据。通过随机抽样，用户可以从原始数据集中抽取一个随机子集作为代表性样本，然后基于这个样本进行分析和建模。最终，用户使用较小的数据集来代表原始数据集，从而减少计算开销和提高处理效率。

（3）数据压缩

数据压缩是指通过编码或转换来减少数据的存储空间或传输带宽，以便更有效地存储、传输和处理数据。它通常通过压缩算法来实现。

图像压缩是一种常见的数据压缩方法。假设用户有一幅高分辨率的彩色图像，但希望将其存储或传输到网络上时其占用更少的空间。通过图像压缩算法（如 JPEG），用户可以将原始图像数据转换为一组更紧凑的编码，从而满足存储空间和传输带宽的需求。虽然压缩后的图像可能会丢失一些细节，但在大多数情况下，压缩后的图像仍然保持了足够的质量，能满足特定的需求。

2.7.6 数据预处理工具

在数据预处理过程中，NumPy 提供了基础数据结构和数值计算功能，而 pandas 则构建在 NumPy 之上，为结构化数据处理提供了强大的工具，包括数据索引、分组、聚合等。SciPy 则进一步扩展了 NumPy 的功能，提供了丰富的科学计算工具，包括统计分析、优化、信号处理等。正则表达式则可与 Python 的内置模块结合使用，为文本处理和模式匹配提供了强大的支持。这些工具相互协作，共同构成了完整的数据预处理和分析生态系统，为数据分析、建模和可视化奠定了强大的基础。

1. numpy 库

numpy 是 Python 中用于科学计算的基础库，提供了高效的多维数组（ndarray）对象和广播功能，以及许多用于数值计算的函数。

可参照 requests 库的安装步骤安装 numpy 库，关键步骤如图 2-15 所示。

导入 numpy 库：

```
import numpy as np
```

在导入 numpy 库后，可以从 Python 的列表或元组中创建不同形状和类型的数组。与 Python 中的列表类似，numpy 的数组可以被索引或者切片。除此之外，numpy 的数组能实现对应位置上的基本数学运算。

（1）数组创建

np.array()：用于创建一个 numpy 数组，它接受一个 Series 对象作为参数，并返回一个新的 numpy 数组，指定数组数据类型为浮点型（float）。

np.random()：numpy 库提供的用于生成随机数的模块，其中包含了多种随机数生成函数，

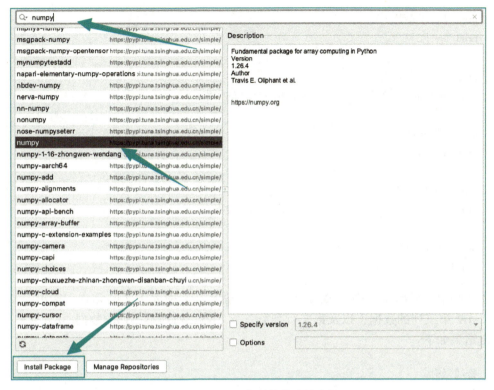

图 2-15　numpy 库安装的关键步骤

例如随机整数函数 numpy.random.randint()、随机抽取元素 numpy.random.choice()等。

代码如下：

```
arr1 = np.array([1, 2, 3, 4, 5], dtype=float)
arr2 = np.random.randint(1, 10, size=(3, 4))
```

上例中，使用 np.array() 从列表创建浮点型数组 arr1，使用 np.random.randint() 生成一个 3×4 的取值为 1~10 的随机整数数组。

输入结果如下：

```
arr1:
 [1. 2. 3. 4. 5.]
arr2:
[[1 4 7 4]
 [6 3 9 2]
 [7 4 5 6]]
```

(2) 数组索引和切片

对 numpy 数组进行索引和切片时，需明确每个维度的索引或切片，还可以使用布尔索引，进行数据的筛选。

代码如下：

```
print("普通索引:")
print(arr1[2])

print("布尔索引:")
print(arr1[arr1 > 2])           # 输出大于2的元素

print("切片行:")
print(arr2[1])

print("切片列:")
print(arr2[:, 2])               # 输出第三列数据

print("共同切片:")
print(arr2[1:3, 1:3])
```

上述代码中，输出 arr1 中的第三个元素，并输出 arr1 中大于 2 的元素；输出 arr2 第二行的数据、arr2 第三列的数据，以及第二行到第三行、第二列到第三列的数据。

输出结果如下：

```
普通索引:
3.0
布尔索引:
[3. 4. 5.]
切片行:
[7 9 4 5]
切片列:
[5 4 2]
共同切片:
[[9 4]
 [9 2]]
```

(3) 数组运算

数组运算实质上是对应位置元素的运算，代码如下：

```
print("数组运算:")
arr3 = np.random.randint(1, 10, size=(3, 4))
sum_arr = arr2 + arr3
product_arr = arr2 * arr3
print("sum_arr:")
print(sum_arr)
print("product_arr:")
print(product_arr)
```

输出结果如下：

数组运算:
sum_arr:
[[11 12 10 14]
 [8 8 9 14]
 [10 14 11 6]]
product_arr:
[[24 32 16 48]
 [16 7 14 45]
 [25 48 30 5]]

2. pandas

pandas 是一个基于 NumPy 的开源数据分析库，为数据处理和分析提供了高级数据结构和函数，其主要数据结构是 Series 和 DataFrame。该库提供了大量的方法，提升了数据预处理的速度与质量。

可参照 requests 库的安装步骤安装 pandas 库，关键步骤如图 2-16 所示。

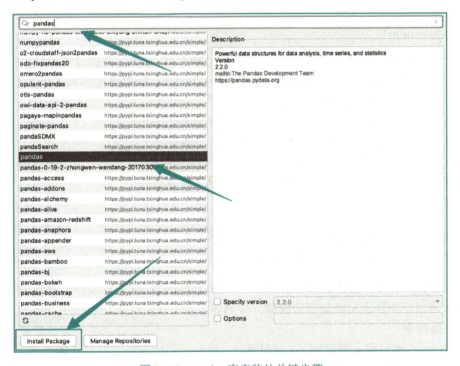

图 2-16 pandas 库安装的关键步骤

导入 panda 库:

```
import pandas as pd
```

pandas 库的基本功能包括数据创建、数据导出与导入、数据探索、数据统计、数据选取、数据处理，具体如下。

(1) 数据创建

pd.Series(data): 从列表、数组、字典等，创建一个 Series 对象。如果不提供数据，则创建一个空的 Series 对象。

Series 是一种类似于 numpy 数组的数据结构，但是它带有索引，使得我们可以根据标签访问数据，而不仅使用整数索引。

pd.DataFrame(data)：从字典、二维数组、Series 对象等，创建一个 DataFrame 对象。DataFrame 可以看作是一系列 Series 对象的集合，每一列都是一个 Series 对象，每一行则是对应 Series 对象的索引。

代码如下：

```python
student_ids = pd.Series([1, 2, 3, 4, 5])
student_names = pd.Series(['Alice', 'Bob', 'Charlie', 'David', 'Eva'])
student_scores = pd.Series([85, 92, 78, 88, 92])

student_data = pd.DataFrame({'ID': student_ids, 'Name': student_names, 'Score': student_scores})
```

上述代码中，首先通过 pd.Series() 创建学号 Series(student_ids)、姓名 Series(student_names)、成绩 Series(student_scores)，再用 pd.DataFrame() 将三个 Series 合并，共同构建学生信息 DataFrame。

（2）数据导出与导入

df.to_csv('data.csv', index=False)：将数据导出到 CSV 文件，不包含索引。

df.to_excel('data.xlsx', index=False, sheet_name='first')：将数据导出到 Excel 文件中，不包含行索引，并指定写入数据的工作表名称为"first"。

df.to_sql(table_name, con)：将数据导出到 SQL 数据库表中。

df.read_csv('data.csv')：从 CSV 文件中导入信息数据。

df.read_excel('data.xlsx')：从 Excel 文件中导入信息数据。

df.read_sql(query, con)：从 SQL 数据库表中导入信息数据。

代码如下：

```python
student_data.to_csv('student_data.csv', index=False)
imported_student_data = pd.read_csv('student_data.csv')
```

上述代码中，先将学生信息 DataFrame 导出到 student_data.csv 文件，不包含索引，再从 student_data.csv 文件中导入学生信息数据，并创建 DataFrame 对象 imported_student_data。

（3）数据探索

df.head(n)：查看前 n 行数据，n 默认为 5。

df.tail(n)：查看后 n 行数据，n 默认为 5。

df.info()：查看内存、索引、数据类型、非空值数据等。

df.columns：查看列名。

df.index：查看行索引。

代码如下：

```python
print("Head:")
print(imported_student_data.head())
```

```
print("\nTail:")
print(imported_student_data.tail(2))

print("\nInfo:")
print(imported_student_data.info())

print("\nColumns:")
print(imported_student_data.columns)

print("\nIndex:")
print(imported_student_data.index)
```

上述代码主要查看了学生数据库的前 5 行和后 2 行数据,并且查看了该 DataFrame 的摘要信息。

输出结果如下:

```
Head:
   ID  Name   Score
0  1   Alice  85
1  2   Bob    92
2  3   Charlie 78
3  4   David  88
4  5   Eva    95

Tail:
   ID  Name   Score
3  4   David  88
4  5   Eva    95

Info:
<class 'pandas.core.frame.DataFrame'>
RangeIndex: 5 entries, 0 to 4
Data columns (total 3 columns):
 #   Column  Non-Null Count  Dtype
---  ------  --------------  -----
 0   ID      5 non-null      int64
 1   Name    5 non-null      object
 2   Score   5 non-null      int64
dtypes: int64(2), object(1)
memory usage: 248.0+ bytes
None

Columns:
```

```
Index(['ID', 'Name', 'Score'], dtype='object')

Index:
RangeIndex(start=0, stop=5, step=1)
```

(4) 数据统计

df.describe()：生成描述性统计信息，包括均值、标准差、最小值、最大值等。

df.value_counts()：用于统计 Series 对象中每个唯一值的出现次数，并返回一个新的 Series 对象。其中索引为唯一值，值为对应的出现次数。

代码如下：

```
print("\nDescribe:")
print(imported_student_data.describe())

print("\nValue counts of scores:")
print(imported_student_data['Score'].value_counts())
```

上述代码中，使用 describe() 统计学生分数的平均值、标准差等信息，使用 value_counts() 统计每个分数出现的次数。

输出结果如下：

```
Describe:
            ID       Score
count   5.000000    5.000000
mean    3.000000   87.000000
std     1.581139    5.830952
min     1.000000   78.000000
25%     2.000000   85.000000
50%     3.000000   88.000000
75%     4.000000   92.000000
max     5.000000   92.000000

Value counts of scores:
92    2
85    1
78    1
88    1
Name: Score, dtype: int64
```

(5) 数据选取

df.loc[]：按标签选取行或列。

df.iloc[]：按位置选取行或列。

df[[col1,…,coln]]：以 DataFrame 的形式返回多列。

代码如下：

```
print("\nUsing loc:")
print(imported_student_data.loc[1:3, 'Name':'Score'])

print("\nUsing iloc:")
print(imported_student_data.iloc[1:3, 1:3])

print("\nUsing boolean indexing:")
print(imported_student_data[imported_student_data['Score'] > 90])
```

上述代码中，使用 loc() 方法按标签选取第 2 行~4 行的数据；使用 iloc() 方法选取第 2 行~4 行和第 2 列~4 列的数据；使用布尔索引选取分数大于 90 的学生数据。

输出结果：

```
Using loc:
    Name    Score
1   Bob     92
2   Charlie 78
3   David   88

Using iloc:
    Name    Score
1   Bob     92
2   Charlie 78

Using boolean indexing:
    ID  Name  Score
1   2   Bob   92
4   5   Eva   92
```

(6) 数据处理

数据处理的主要步骤包括数据清洗、数据集成、数据转换和数据规约等。pandas 库中提供了相应的函数，能够完成上述步骤。

1) 数据清洗。使用 pandas 库进行数据清洗，主要包括检查缺失值、删除缺失值、填充缺失值，检查重复行、删除重复行，以及删除指定的行或列。

- df.isnull()：检查数据中的缺失值。
- df.dropna()：删除所有包含缺失值的行。
- df.fillna(value)：用 value 替换所有空值。
- df.duplicated()：检查数据中的重复值。
- df.drop_duplicates()：删除所有包含重复值的行。
- df.drop(index=[0,2],columns='B')：指定删除行或列的标签，删除行标签为 0 和 2 的行，列标签为 B 的列。

具体代码如下：

```python
import pandas as pd
data = {'A': [1, 2, None, 4, 4], 'B': [None, 2, 3, 4, 4], 'C': ['a', 'b', 'c', 'd', 'd']}
df = pd.DataFrame(data)

print("Check for missing values:")
print(df.isnull())

df.dropna(inplace=True)

print("Check for duplicated rows:")
print(df.duplicated())

df.drop_duplicates(inplace=True)

df.drop(columns=['A'], inplace=True)

print("Processed DataFrame:")
print(df)
```

上述代码首先创建了一个包含缺失值和重复值的 DataFrame，然后通过 isnull() 方法检查 DataFrame 中的缺失值，通过 dropna() 方法删除了包含缺失值的行，再通过 duplicated() 方法检查了重复行，最后通过 drop_duplicates() 方法删除了重复行，并通过 drop() 方法删除了列 A。最后打印出处理后的 DataFrame。

输出结果如下：

```
Check for missing values:
       A      B      C
0  False   True  False
1  False  False  False
2   True  False  False
3  False  False  False
4  False  False  False

Check for duplicated rows:
1    False
3    False
4     True
dtype: bool

Processed DataFrame:
     B  C
1  2.0  b
3  4.0  d
```

2) 数据集成。数据集成是指将多个数据源中的数据合并成一个数据集的过程。在 Python 的 pandas 库中，可以使用 concat( ) 和 merge( ) 函数来实现。

pd.conct(datas,axis=0,'outer')：指定轴连接两个或多个对象。要连接的对象 datas 可以是数据库、Series 或这些对象的列表/字典。axis 指定连接的轴向，0 表示按行连接（默认），1 表示按列连接。join 是连接的方式，默认为 outer，表示取并集，也可以设置为 inner，表示取交集。

pd.merge(left,right,how='inner',left_on=None,right_on=None,)：根据一个或多个键将两个 DataFrame 相连接。left、right 表示要连接的两个 DataFrame。how 表示连接方式，默认为 inner。可选值有 left、right、outer 和 inner，分别表示左连接、右连接、外连接和内连接。左连接，返回左侧 DataFrame 对象的所有行以及与右侧 DataFrame 对象匹配的行。右连接，返回右侧 DataFrame 对象的所有行以及与左侧 DataFrame 对象匹配的行。外连接，返回两个 DataFrame 对象的并集。内连接，返回两个 DataFrame 对象的交集。on，表示用于连接的列名或列名列表，必须存在于左侧和右侧 DataFrame 中。left_on、right_on 分别指定左右两个 DataFrame 的连接列。

代码如下：

```python
import pandas as pd

df1 = pd.DataFrame({'ID': [1, 2, 3],
                    'Name': ['Alice', 'Bob', 'Charlie']})

df2 = pd.DataFrame({'ID': [2, 3, 4],
                    'Age': [25, 30, 35]})

concatenated_df = pd.concat([df1, df2], axis=1)
print("Concatenated DataFrame:")
print(concatenated_df)

merged_df = pd.merge(df1, df2, on='ID', how='inner')
print("\nMerged DataFrame:")
print(merged_df)
```

这段代码中，创建了两个对象 df1 和 df2，然后分别使用 concat( ) 和 merge( ) 函数进行数据集成。concat( ) 函数沿列方向连接了 df1 和 df2，而 merge( ) 函数则根据 ID 列将 df1 和 df2 相连接。最后打印出连接后的 DataFrame。

输出结果如下：

```
Concatenated DataFrame:
   ID  Name     ID  Age
0  1   Alice    2   25
1  2   Bob      3   30
2  3   Charlie  4   35
```

```
Merged DataFrame:
   ID  Name    Age
0  2   Bob     25
1  3   Charlie 30
```

3) 数据转换。数据转换是指根据需求改变或重构原始数据集,以获得更适合特定分析或应用场景的数据形式。pandas 数据库也提供了丰富的函数用于数据转换。

df.astype():将 Series 或 DataFrame 的数据类型转换为指定类型。

df.groupby():根据指定的列或条件将数据分组,并返回一个 GroupBy 对象,可以对分组后的数据进行各种聚合操作。

df.aggregate(func,axis=0):用于对分组后的数据进行聚合操作,它可以同时应用多个聚合函数。其中,func 是用于聚合的函数、函数列表、函数字典或函数字符串,也可以是内置的聚合函数(如 sum、mean、count 等)。axis 用于指定聚合的轴向,0 表示按列聚合,1 表示按行聚合。

df.agg(func,axis=0):与 aggregate()类似,agg()方法也可以接收一个或多个聚合函数,并将这些函数应用于数据的列或行。

df.apply():对 Series 或 DataFrame 的数据应用自定义函数。

df.pivot_table(data,values=None,index=None,columns=None,aggfunc='mean'):创建数据透视表。其中,data 是要创建透视表的数据。values 是要聚合的列名或列名列表。默认为 None,表示使用所有列。index 是透视表的行索引,用于分组数据。默认为 None,表示不分组。columns 是透视表的列索引,用于分组数据。默认为 None,表示不分组。aggfunc 是聚合函数或函数列表,默认为 mean,表示使用均值。常见的聚合函数包括 sum、count、mean、median 等。

pd.cut():将连续型数据划分为离散的区间。

pd.get_dummies():将分类变量转换为虚拟变量(哑变量)。

代码如下:

```python
import pandas as pd

data = {'Name': ['Alice', 'Bob', 'Charlie', 'David', 'Eva'],
        'Score': [85, 92, 78, 88, 95],
        'Gender': ['F', 'M', 'M', 'M', 'F'],
        'Class': ['A', 'B', 'A', 'B', 'A']}
df = pd.DataFrame(data)

df['Score'] = df['Score'].astype(float)

grouped_df = df.groupby('Class').agg({'Score': ['mean', 'max']})
print("Grouped and aggregated DataFrame:")
print(grouped_df)

def score_diff(s):
```

```
        return s.max() - s.mean()

score_diff_df = df.groupby('Class').agg({'Score': score_diff})
print("\nDataFrame with custom aggregation:")
print(score_diff_df)

df['Score'] = df['Score'].apply(lambda x: x ** 0.5)

pivot_df = df.pivot_table(index='Class', columns='Gender', values='Score', aggfunc='mean')
print("\nPivot table:")
print(pivot_df)

df['Grade'] = pd.cut(df['Score'], bins=[0, 60, 80, 100], labels=['C', 'B', 'A'])

df = pd.get_dummies(df, columns=['Gender'])

print("\nProcessed DataFrame:")
print(df)
```

上述代码创建了一个学生信息 data，包括姓名（Name）、分数（Score）、性别（Gender）和班级（Class）信息。

astype()函数将 Score 列的数据类型从整数型转换为浮点数型。

groupby()和 aggregate()函数按班级分组，并计算每个班级的平均分和最高分。

agg()函数对 Score 列应用自定义函数，计算每个班级平均分和最高分之间的差值。

apply()函数将 Score 列的值开根号。

pivot_table()函数创建数据透视表，以 Class 列分组，Gender 列作为列标签，Score 列作为值。

cut()函数将 Score 列的数据分割成三个区间，并添加新列 Grade 表示分数等级。

get_dummies()函数将 Gender 列的分类变量转换为虚拟变量，并添加到 DataFrame 中。打印出经过处理的 DataFrame，包括所有添加的新列和转换后的数据。

输出结果如下：

```
Grouped and aggregated DataFrame:
       Score
Class  mean   max
A      86.0   95.0
B      90.0   92.0


DataFrame with custom aggregation:
       Score
Class
A      9.0
B      2.0

Pivot table:
```

```
Gender        F           M
Class
A          9.483169    8.831761
B          NaN         9.486247
```

Processed DataFrame：

```
    Name     Score     Class  Grade  Gender_F  Gender_M
0   Alice    9.219544    A      C       1         0
1   Bob      9.591663    B      C       0         1
2   Charlie  8.831761    A      C       0         1
3   David    9.380832    B      C       0         1
4   Eva      9.746794    A      C       1         0
```

4）数据规约。数据规约是指在保持数据集的关键信息完整性的前提下，减少数据量或数据维度的过程。在 pandas 库中，可以使用 sample( ) 和 resample( ) 函数来进行数据规约。

sample(n,axis=0)：随机抽取 n 个样本。

resample( )：用于对时间 Series 数据进行重采样。

代码如下：

```python
import pandas as pd
import numpy as np

np.random.seed(42)
date_rng = pd.date_range(start='2024-01-01', end='2024-01-10', freq='D')
sales_data = {'Sales': np.random.randint(100, 1000, size=len(date_rng))}
sales_df = pd.DataFrame(sales_data, index=date_rng)

print("原始数据:")
print(sales_df)

sampled_data = sales_df.sample(n=3, random_state=42)

print("\n抽样后的数据:")
print(sampled_data)

resampled_sales = sales_df.resample(rule='W').sum()

print("\n重采样后的数据:")
print(resampled_sales)
```

上述代码创建了一个包含每天销售额的时间 Series，首先使用 sample( ) 函数从中随机抽取一部分样本，接着使用 resample( ) 函数对数据进行重采样，将每日销售额重采样为每周销售额，并计算每周的销售总额。

输出结果如下：

原始数据：
```
            Sales
2024-01-01   202
2024-01-02   535
2024-01-03   960
2024-01-04   370
2024-01-05   206
2024-01-06   171
2024-01-07   800
2024-01-08   120
2024-01-09   714
2024-01-10   221
```

抽样后的数据：
```
            Sales
2024-01-09   714
2024-01-02   535
2024-01-06   171
```

重采样后的数据：
```
            Sales
2024-01-02   737
2024-01-09  3341
2024-01-16   221
```

3. scipy

scipy 是一个开源的 Python 科学计算库，提供了用于解决科学和工程领域问题的各类函数和模块。

可参照 requests 库的安装步骤安装 scipy 库，关键步骤如图 2-17 所示。

其中 scipy 里的 stats 子模块提供了大量统计学函数和工具，用于描述、分析和处理数据分布、概率分布、假设检验等。

下述案例使用 Z 分数检测数组的分布，代码如下：

```
import numpy as np
from scipy.stats import zscore
data = np.array([[1, 2, 3],
                 [4, 5, 6],
                 [7, 8, 9]])

z_scores = zscore(data)

print("Z 分数处理后的数据集：")
print(z_scores)
```

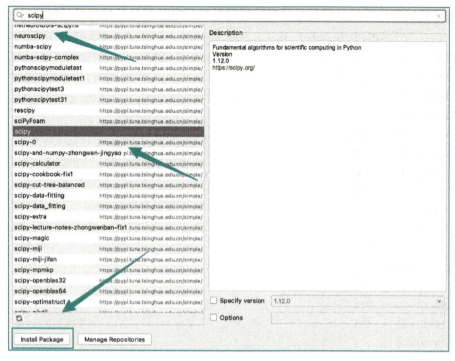

图 2-17　scipy 库安装的关键步骤

这个示例直接从 scipy.stats 模块中导入了 zscore() 函数,然后使用该函数计算数据集的 Z 分数。每个元素表示该数据点相对于对应特征的均值的偏离程度,以标准差为单位。

输出结果如下:

```
Z 分数处理后的数据集:
[[-1.22474487 -1.22474487 -1.22474487]
 [ 0.          0.          0.        ]
 [ 1.22474487  1.22474487  1.22474487]]
```

4. 文本数据预处理

由于文本数据中可能包含各种特殊字符、标点符号和非文本内容,如 HTML 标签、网址、邮件地址等。在预处理过程中,需要将这些特殊字符去除或替换为适当的标记,以减少对后续分析的干扰。

(1) pandas 库中的字符串处理方法

pandas 库中 Series 对象提供了三种方法,能够对文本数据进行划分、提取和替换操作。

Series.str.split(pat):用于将字符串拆分为子字符串。pat 是用于拆分字符串的分隔符。

Series.str.extract(patten):从 Series 中提取符合正则表达式模式 patten 的子字符串,并返回一个包含提取结果的新 Series。该方法适用于需要从文本数据中提取特定模式的情况,如提取数字、日期、邮件地址等。

Series.str.replace(patten,String):将 Series 中符合指定正则表达式模式的子字符串替换为指定的值,并返回一个新 Series。该方法适用于需要对文本数据进行替换或清洗的情况,如替换特定字符、删除非法字符等。

现在假设有一个人员信息表（见表2-2），包含姓名、年龄和城市。

表2-2 人员信息表

	姓　　名	年　　龄	城　　市
1	Alice	25	New York
2	Bob	30	Los Angeles
3	Charlie	22	San Francisco

接下来需要对信息进行处理，分别提取姓名、年龄和城市，并且将年龄转换为整数类型。代码如下：

```python
import pandas as pd
s = pd.Series(['Alice,25,New York', 'Bob,30,Los Angeles', 'Charlie,22,San Francisco'])
split_s = s.str.split(',')
names = split_s.str[0]
ages = split_s.str[1]
cities = split_s.str[2]

ages = ages.str.extract(r'(\d+)').astype(int)
cities = cities.str.replace(' ', '_')
print("Names:")
print(names)
print("\nAges:")
print(ages)
print("\nCities:")
print(cities)
```

这个例子首先使用split()方法拆分字符串，得到包含姓名、年龄和城市的Series。然后使用extract()方法提取年龄，并通过astype(int)将其转换为整数类型。最后使用replace()方法将城市中的空格替换为下画线。通过这些操作，成功地对人员信息进行了处理，并得到了每部分的Series。

输出结果如下：

```
Names:
0    Alice
1    Bob
2    Charlie
dtype: object

Ages:
0    25
1    30
2    22
Name: 1, dtype: int64
```

```
Cities:
0            New_York
1            Los_Angeles
2            San_Francisco
dtype: object
```

(2) 正则表达式

正则表达式是一种用于描述字符串模式的强大工具。它是由字符和操作符构成的字符串，用来定义一个搜索模式。正则表达式可用于搜索、匹配和验证字符串，因此也是文本处理中非常重要的工具之一。

正则表达式的基本元素包括普通字符（例如字母、数字、符号等）、特殊字符（例如通配符、量词、分组等）和控制字符（例如换行符、制表符等）。通过组合这些元素，可以构建出复杂的模式，用于匹配特定格式的字符串。

假设有一个包含电话号码的字符串，格式为"(×××) ×××-××××"，需要从中提取区号并将其替换为"Area Code："，同时保留电话号码的其余部分。

详细代码如下：

```
import pandas as pd

data = {'Phone Number': ['(123) 456-7890', '(456) 789-0123', '(789) 012-3456']}
df = pd.DataFrame(data)

pattern = r'\((\d{3})\)'

df['Area Code'] = df['Phone Number'].str.extract(pattern)
df['Formatted Phone Number'] = df['Phone Number'].str.replace(pattern, 'Area Code: ', regex=True)
print(df)
```

上述示例定义了一个正则表达式模式 r'\((\d{3})\)'，用于提取括号中的三个数字，即区号部分。具体如下：

- \(：匹配左括号，由于括号在正则表达式中有特殊含义，因此需要使用反斜杠（\）转义，以表示真正的左括号字符。
- (\d{3})：这是一个匹配三个连续数字的捕获组。其中，\d 表示匹配任意数字字符，{3} 表示重复匹配前面的模式三次，因此\d{3}匹配三个连续的数字字符，并将其作为一个捕获组。
- \)：匹配右括号，同样需要使用反斜杠（\）进行转义，表示真正的右括号字符。

综合起来，这个正则表达式模式匹配的是一个由括号包裹的三位数字。例如（123）或（456）等形式的字符串。匹配成功后，捕获组(\d{3})中的内容将被提取出来，可以用于后续的处理。

此外，该示例使用 str.extract() 函数从每个电话号码中提取区号，并将提取的结果添加到新的列 Area Code 中。

接着，该示例使用 str.replace() 函数将括号中的区号替换为"Area Code："，并将结果添加到新的列 Formatted Phone Number 中。最终打印结果如下：

	Phone Number	Area Code	Formatted Phone Number
0	(123) 456-7890	123	Area Code：456-7890
1	(456) 789-0123	456	Area Code：789-0123
2	(789) 012-3456	789	Area Code：012-3456

上述代码介绍了几个简单的匹配规则，表 2-3 展示了一些常用的匹配规则。

表 2-3　常用的匹配规则

模　式	描　述
\d	匹配任意一个数字字符
\D	匹配任意一个非数字字符
\w	匹配任意一个字母、数字或下划线字符
\W	匹配任意一个非字母、数字或下划线字符
\s	匹配任意一个空白字符（空格、制表符、换行符等）
\S	匹配任意一个非空白字符
.	匹配任意一个字符（除了换行符）
^	匹配字符串的开头
$	匹配字符串的结尾
[]	匹配方括号中的任意一个字符
[^]	匹配不在方括号中的任意一个字符
()	将括号内的部分作为一个整体进行匹配，可以配合分组使用
*	匹配前面的模式 0 次或多次
+	匹配前面的模式 1 次或多次
?	匹配前面的模式 0 次或 1 次
{n}	匹配前面的模式恰好 n 次
{n,m}	匹配前面的模式至少 n 次，至多 m 次

正则表达式作为一种强大的字符串匹配工具，被广泛地用于各类编程语言，Python 里的 re 库提供了正则表达式的实现方法，具体如下：

re.match(patten,string)：从字符串的开头开始匹配模式。如果模式与字符串的开头部分匹配成功，返回匹配对象；否则返回 None。

re.search(patten,string)：在整个字符串中搜索匹配模式的第一个位置。如果找到匹配，则返回匹配对象；否则返回 None。

re.findall(patten,string)：搜索整个字符串，返回所有匹配模式的列表。

re.sub(pattern, repl)：用指定的字符串替换匹配模式的所有匹配项。

接下来，通过一个案例来演示如何使用上述几个常用方法处理文本数据。

假设有一个字符串"Hello, my phone number is 123-456-7890. Please call me at 987-654-3210."。其中包含一些电话号码，现在需要从这个字符串中提取电话号码，并将其中的数字替换为×。

步骤如下：

1）导入模块：导入 Python 的 re 模块，用于处理正则表达式。

```
import re
```

2）定义原始字符串：定义一个包含电话号码的原始字符串。

```
text = "Hello, my phone number is 123-456-7890. Please call me at 987-654-3210."
```

3）定义正则表达式：这个模式匹配了由三个数字、一个连字符、三个数字、一个连字符和四个数字组成的电话号码格式。

```
pattern = r'\d{3}-\d{3}-\d{4}'
```

4）使用 match() 函数：match() 函数尝试从头开始匹配，但是由于电话号码位于字符串的中间部分，因此没有匹配成功。

代码如下：

```
match_result = re.match(pattern, text)
if search_result:
    print("Match found with search():", search_result.group())
else:
    print("No match with search()")
```

5）使用 search() 函数：找到字符串中的第一个电话号码。

```
search_result = re.search(pattern, text)
```

6）使用 findall() 函数：找到字符串中所有电话号码。

```
findall_result = re.findall(pattern, text)
```

7）使用 sub() 函数：将匹配到的电话号码中的数字替换为'x-xxx-xxxx'，并返回修改后的文本。

```
modified_text = re.sub(pattern, 'x-xxx-xxxx', text)
```

8）输出。

```
print("Matches found with findall():", findall_result)
print("Modified text with sub():", modified_text)
```

总体来说，该例首先定义了一个正则表达式模式 r'\d{3}-\d{3}-\d{4}'，用来匹配电话号码的格式。然后，分别使用 match()、search()、findall() 和 sub() 函数来执行不同的操作。

输出结果如下：

```
No match with match()
Match found with search(): 123-456-7890
Matches found with findall(): ['123-456-7890', '987-654-3210']
Modified text with sub(): Hello, my phone number is x-xxx-xxxx. Please call me at x-xxx-xxxx.
```

2.8 小结

通过本章的学习，读者可以：了解网络爬虫的基本含义，涉及的法律、道德和基本技术；了解并搭建基于 Python 的爬虫环境；了解 requests、lxml 和 BeautifulSoup 的基本内容和使用方法；用 requests 对需要爬取的业务网站网页提出请求并获得响应数据，以及解析 lxml 和 BeautifulSoup 对 requests 获得的响应数据后得到需要操作的页面元素。

2.9 习题

2.9 习题案例实现

1. 通过导入 requests 库，使用该库爬取 Python 官方网站页面数据。

2. 通过导入 lxml 和 BeautifulSoup 库，使用它们解析所爬取的 Python 官方网站页面数据。

任务 3 存储数据——学生就业信息数据读写和数据持久化

学习目标

- 了解 MySQL 的基本概念
- 掌握 MySQL 的安装和操作方法
- 了解 PyMySQL 和 MySQL 的区别
- 掌握 PyMySQL 的安装和基本用法
- 了解 CSV 和 JSON 的基础知识和数据类型转换
- 掌握 CSV 和 JSON 数据的读取和写入操作

存储数据就是将信息以各种不同的形式存储起来,数据以某种格式记录在计算机内部或外部存储介质上。数据存储要命名,这种命名要反映信息特征的组成含义。数据流反映系统中流动的数据,表现动态数据的特征;数据存储反映系统中静止的数据,表现静态数据的特征。

3.1 任务描述

本节将使用 Python 操作 CSV 和 JSON 文件格式的数据,实现对学生就业信息数据的读取和写入,并使用 PyMySQL 实现对数据库 MySQL 的查询,以及增加、删除和修改等数据持久化操作。

3.2 MySQL

MySQL 是一款关系数据库管理系统,由瑞典 MySQL AB 公司开发,目前属于 Oracle 公司。

3.2.1 MySQL 概述

MySQL 是一款关系数据库管理系统(RDBMS),它将数据保存在不同的表中,而不是将所有数据放在一个大仓库内,这样就提高了速度和灵活性。在 Web 应用方面,MySQL 是最好的轻量级 RDBMS 应用软件之一。

可以从官方网站 https://dev.mysql.com/downloads/windows/installer/,下载 MySQL,如图 3-1 所示。

图 3-1　MySQL 下载页面

3.2.2　MySQL 安装

在下载了 MySQL 之后，请按照如下步骤安装：

1）根据需求选择安装类型。"Server only"表示仅安装 MySQL 服务器产品；"Client only"表示仅安装不带服务器功能的 MySQL 客户端产品；"Full"表示安装 MySQL 完整产品和特色功能；"Custom"表示自定义选择 MySQL 的产品。这里选择"Full"（完整产品和特色功能），然后单击"Next"按钮，如图 3-2 所示。

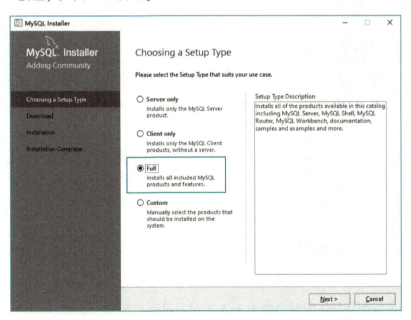

图 3-2　MySQL 安装类型选择

2）由于选择的安装类型为"Full"，因此已经自动配置即将安装的组件内容，如图 3-3 所示。单击"Execute"按钮，开始安装特定组件。

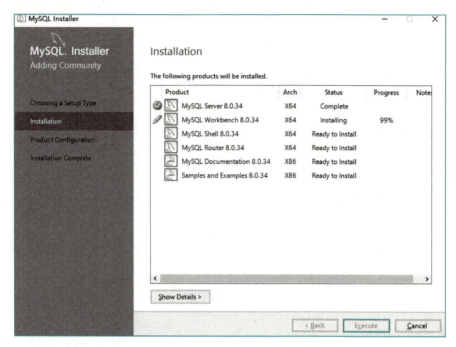

图 3-3　MySQL 特定组件开始安装

3）组件安装完成，如图 3-4 所示，单击"Next"按钮。

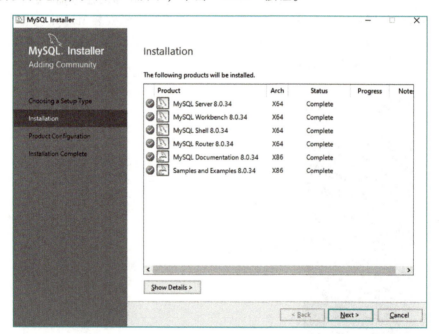

图 3-4　MySQL 特定组件安装完成

4）接下来进行产品具体配置，如图 3-5 所示，单击"Next"按钮。

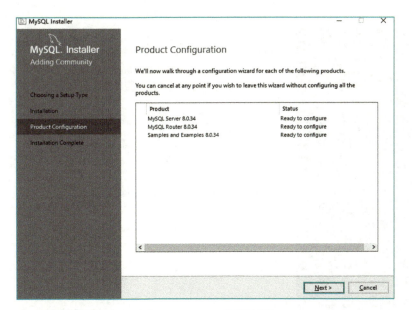

图 3-5 MySQL 产品配置

5）类型和网络配置。在 MySQL 服务器安装时，选择正确的服务器配置类型，这里将 MySQL 的服务器配置类型（Server Configuration Type）设置为"Development Computer"。Connectivity 表示可连接性，这里需要具体选择链接参数：TCP/IP 表示链接协议，Port 表示 MySQL 使用的端口号，X Protocol Port 表示其他协议的端口号，Open Windows Firewall ports for network access 表示打开操作系统防火墙。这里特别需要记住其中的端口号 3306。如图 3-6 所示。设置后，单击"Next"按钮。

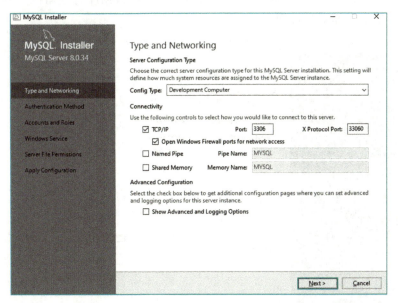

图 3-6 MySQL 类型和网络配置

6）系统验证方法选择。这里有两种系统验证方法：使用强密码加密验证（Use Strong Password Encryption for Authentication，推荐此方法）和使用传统验证方法（Use Legacy Authentication Method）。这里选择第一种系统验证方法，如图 3-7 所示，单击"Next"按钮。

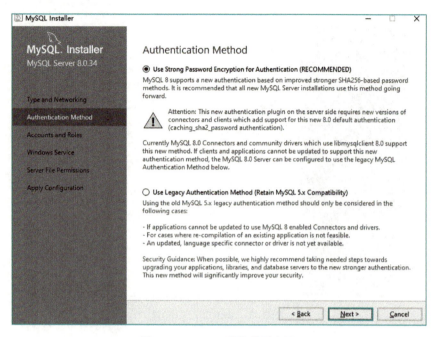

图 3-7　MySQL 系统验证方法

7）账户和角色及密码设置。按照 MySQL 的安装流程操作，在图 3-8 中选择 "Accounts and Roles"，在展示的页面（见图 3-8）中需要设置 Root 的密码，MySQL User Accounts 表示为使用者和应用程序创建 MySQL 的用户账户，并指定一个带有一定权限的角色。单击 "Add User" 按钮，在弹出的如图 3-9 所示的对话框中自定义用户信息作为账户并设置密码，其中"<All Hosts(%)>" 表示本机所有用户，"DB Admin" 表示数据库管理角色。单击 "OK" 按钮返回上层页面，单击 "Next" 按钮。

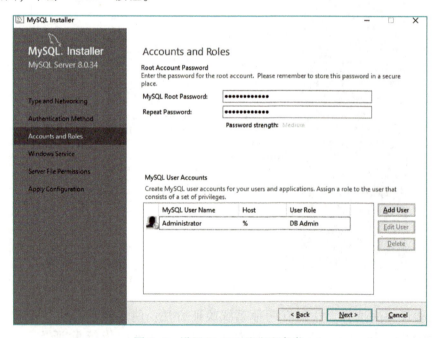

图 3-8　设置 MySQL 账户和角色

图 3-9　自定义 MySQL 账户

8）配置 MySQL 服务器为 Windows 的一项服务。这里勾选复选框"Start the MySQL Server at System Startup"，表示 MySQL 作为计算机的开机启动项之一。然后选择"Standard System Account"作为程序推荐的主要使用场景，如图 3-10 所示，单击"Next"按钮。

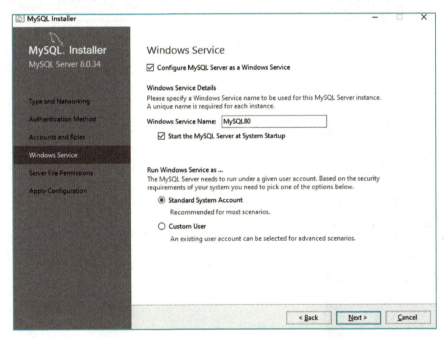

图 3-10　在 Windows 服务中配置 MySQL 服务器

9）配置服务器文件的更新权限。这里选择完全授权，如图 3-11 所示，单击"Next"按钮。

10）进行安装配置，如图 3-12 所示，单击"Execute"按钮。

11）安装程序又回到了 Product Configuration（产品配置）页面，此时看到 MySQL server 安装成功的显示，如图 3-13 所示。单击"Next"按钮。

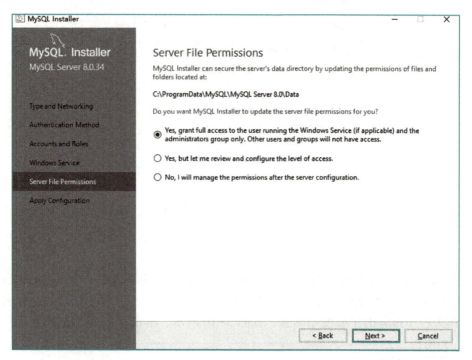

图 3-11　配置服务器文件的更新权限

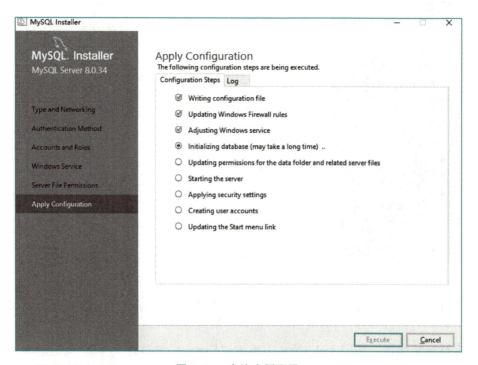

图 3-12　实施应用配置

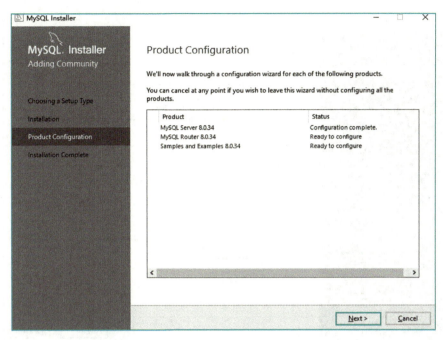

图 3-13 产品配置成功

12)配置 MySQL Router。勾选"Bootstrap MySQL Router for use with InnoDB Cluster"之后输入密码,如图 3-14 所示,单击"Next"按钮。

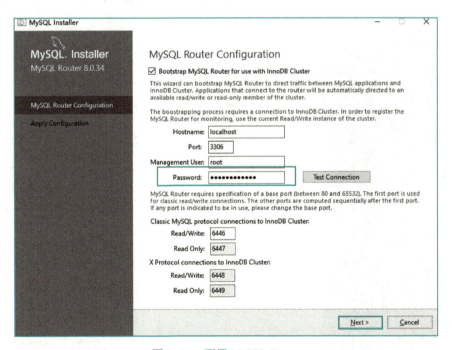

图 3-14 配置 MySQL Router

13)检查连接服务器。输入密码后,先单击"Check",然后单击"Next",如图 3-15 所示。

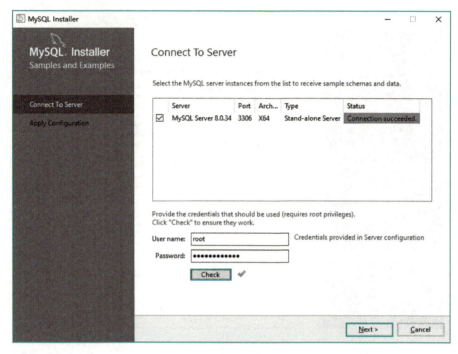

图 3-15　检查连接服务器

14）应用配置页面，如图 3-16 所示，单击"Execute"按钮。

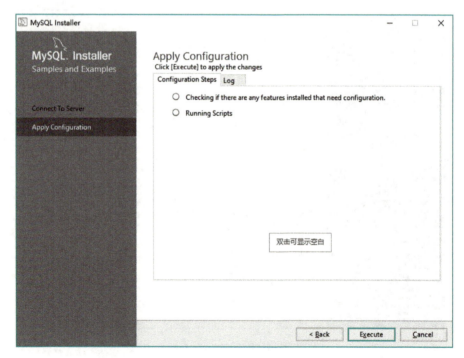

图 3-16　应用配置页面

15）安装程序完成如图 3-17 所示，单击"Finish"按钮。

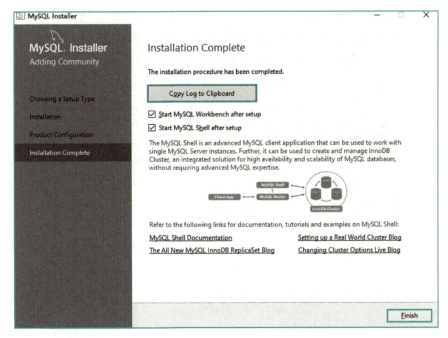

图 3-17　安装程序完成

16）MySQL 安装成功后启动 MySQL Workbench，会显示 MySQL Workbench 初始化界面，在此只有输入 root 账户的密码才能连接到本地 MySQL 实例，如图 3-18 所示。

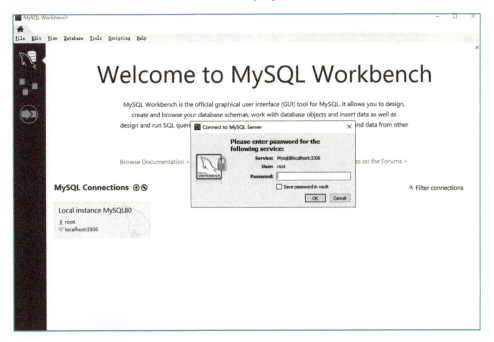

图 3-18　MySQL Workbench 初始化界面

3.2.3　MySQL Workbench 的操作

本节将在 MySQL Workbench 的默认 sys 数据库实例中创建一个名为 test 的数据表，并对该表做基本设置。具体操作方法如下：

1）在成功安装并进入 MySQL Workbench 之后，在页面左侧展开"sys"选项，右击"Tables"，在弹出的快捷菜单中选择"Create Table"命令创建新表，如图 3-19 所示。

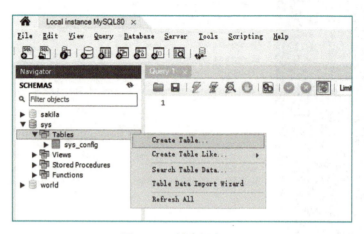

图 3-19　创建新表 test

2）设置"Table Name"（表名）以及对应的"Column Name"（列名）、"Datatype"（数据类型）等选项后，单击"Apply"按钮，如图 3-20 所示。

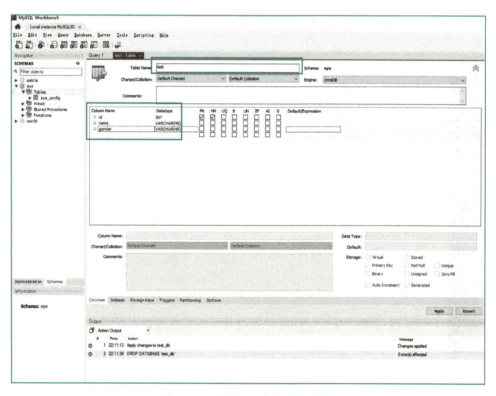

图 3-20　设置 test 表的具体内容

这样就在 MySQL Workbench 的 sys 数据库中创建了一个名为 test 的数据表。

3.3　PyMySQL

PyMySQL 是从 Python 连接到 MySQL 数据库服务器的接口。它实现了 Python 数据库 API v2.0，并包含一个纯 Python 的 MySQL 客户端库。

3.3.1　PyMySQL 和 MySQL 的区别

在成功安装完 MySQL 之后，还需要安装 PyMySQL，才能在 Python 中调用 MySQL。

3.3.2　PyMySQL 安装

和前面安装其他库的方法一样，在 PyCharm 中安装 PyMySQL，如图 3-21 所示。

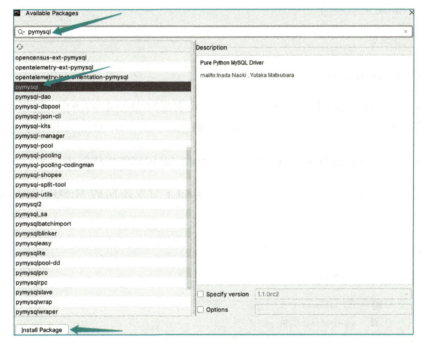

图 3-21　安装 PyMySQL

3.3.3　PyMySQL 的用法

3.3.3　PyMySQL 的用法

【实例 3-1】在成功安装了 PyMySQL 之后，这里将讲解在 PyCharm 中使用 PyMySQL 连接 MySQL 数据库管理系统，获取 MySQL 的游标，执行 SELECT VERSION()方法获得当前 MySQL 的版本信息。同时，通过编写简单的 SQL 语句，在 MySQL 中创建一个名为 test 的数据库。

1）在 Python 中导入 PyMySQL 库。

```
import pymysql
```

2）使用 PyMySQL 库建立与 MySQL 的连接，并返回一个 connector 对象。connect 方法中的参数含义如下：host 为主机名，user 为连接 MySQL 的用户名，password 为 MySQL 的连接密码，port 表示 MySQL 的端口号。

```
connector = pymysql.connect(host='localhost',user='root',password='密码',port=3306)
```

3）使用 connector 对象的 cursor 方法建立对 MySQL 的操作游标。

```
cursor = connector.cursor()
```

4）使用 execute 方法，并以'SELECT VERSION( )'字符串作为参数，执行游标。其目的就是获得执行 SELECT VERSION( )方法后的返回值。

```
cursor.execute('SELECT VERSION( )')
```

5）通过 fetchone 方法获取 4）中游标 cursor 执行后返回值的第一行。

```
data = cursor.fetchone()
```

6）输出打印结果。

```
print('Database version:',data)
```

7）使用 cursor 的 execute 方法，并加入 SQL 语句实现对 MySQL 的操作。这里使用"CREATE DATABASE+数据库名"的方式创建一个名为 test 的数据库，并使用 utf8mb4 作为字符集。

```
cursor.execute("CREATE DATABASE test DEFAULT CHARACTER SET utf8mb4")
```

8）在数据库操作结束之后，必须要关闭 connector 对象指向的 MySQL 连接通道，释放有关资源。

```
connector.close()
```

9）运行结果如图 3-22 所示。

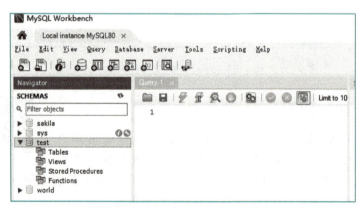

图 3-22　创建数据库 test

完整代码如下：

```
import pymysql
connector = pymysql.connect(host='localhost',user='root',password='密码',port=3306)
```

```
cursor = connector.cursor()
cursor.execute('SELECT VERSION()')
data = cursor.fetchone()
print('Database version:', data)
cursor.execute("CREATE DATABASE test DEFAULT CHARACTER SET utf8mb4")
connector.close()
```

输出结果如下：

Database version：('8.0.34',)

3.4 CSV 和 JSON

CSV（Comma-Separated Values）名为逗号分隔符值，也可以称为字符分隔符值，即可以使用其他符号作为分隔符。CSV 以字符序列的方式，以纯文本形式保存表格数据，以一行为一条记录，记录间以换行符作为分隔。

3.4.1 CSV 概述

类似于 Excel 表格，CSV 以字段的形式表示数据，每行记录都由多个字段组成，而且所有记录字段相同。如果先得到的数据格式为 Excel 或者 TXT，那么必须要转换格式。

1）将 TXT 文件转换为 CSV 格式。图 3-23 所示为 TXT 文件，执行"文件（F）"→"另存为（A）"菜单命令，修改保存文件格式为".csv"，在"编码"下拉列表框中选择正确的编码格式后单击"保存（S）"按钮，如图 3-24 所示。

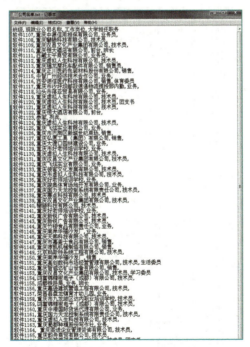

图 3-23　TXT 文件

a)

b)

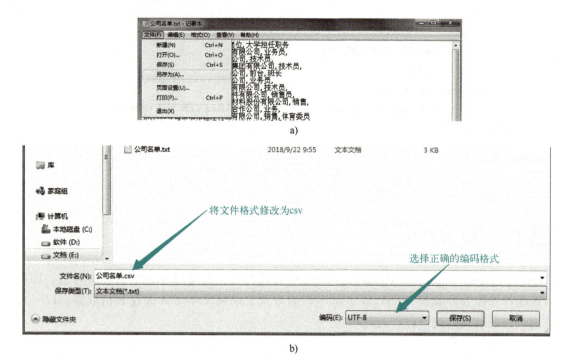

图 3-24　将 TXT 文件转换为 CSV 格式

a）执行“另存为”菜单命令　b）设置保存文件的扩展名为“.csv”

2）将 Excel 文件转换为 CSV 格式。图 3-25 所示为 Excel 文件，执行“开始”→“另存为（A）”→“其他格式（M）”菜单命令，文件类型选择“CSV（逗号分隔）（*.csv）”，单击“保存（S）”按钮，如图 3-26 所示。

	A	B	C	D
1	班级	现就业公司名称	工作岗位	大学担任职务
2	软件1107	重庆中源信用担保有限公司	业务员	
3	软件1108	重庆攀滕科技有限公司	技术员	
4	软件1109	重庆汉昌文化产业集团有限公司	技术员	
5	软件1110	重庆恒大酒店有限公司	前台	班长
6	软件1111	西藏太平商贸有限公司	业务员	
7	软件1112	重庆虚拟人生科技有限公司	技术员	
8	软件1113	重庆福龙摩托车配件有限公司	销售员	
9	软件1114	重庆正川医药包装材料股份有限公司	销售	
10	软件1115	中智广州经济技术合作公司	业务	
11	软件1116	西安诺信医疗科技有限公司	销售	体育委员
12	软件1117	重庆市沙坪坝邮政速递物流揽投部内勤	业务	
13	软件1118	汕头市落亚贸易有限公司	业务	
14	软件1119	重庆虚拟人生科技有限公司	技术员	
15	软件1120	重庆虚拟人生科技有限公司	技术员	团支书
16	软件1121	重庆虚拟人生科技有限公司	技术员	
17	软件1122	重庆恒大酒店有限公司	前台	
18	软件1123	参军	列兵	
19	软件1124	重庆虚拟人生科技有限公司	技术员	
20	软件1125	重庆飞炫实业有限公司	业务	
21	软件1126	重庆市巴南区新城世纪商场	销售	
22	软件1127	重庆弘愿工具（集团）有限公司	销售	
23	软件1128	重庆大渡口园林建设公司	业务	
24	软件1129	重庆市好老师培训学校	业务	
25	软件1130	重庆虚拟人生科技有限公司	技术员	
26	软件1131	重庆汉昌文化产业集团有限公司	技术员	
27	软件1132	重庆飞炫实业有限公司	业务	
28	软件1133	重庆彼客文化发展有限公司	技术员	
29	软件1134	重庆市虚拟人生科技有限公司	技术员	
30	软件1135	重庆好老师培训学校	业务	
31	软件1136	重庆竣奥体育场地开发有限公司	业务	
32	软件1137	重庆国力天龙控制系统有限责任公司	技术员	
33	软件1138	重庆赛点科技有限公司	技术员	
34	软件1139	重庆汉昌文化产业集团有限公司	技术员	
35	软件1140	攀滕科技有限公司	技术员	
36	软件1141	重庆好老师培训学校	业务	
37	软件1142	重庆新锐广告有限公司	技术员	
38	软件1143	重庆新锐广告有限公司	技术员	
39	软件1144	重庆竹楼食品有限责任公司	业务	
40	软件1145	重庆南岸华福沙发厂	业务	
41	软件1146	重庆天熙科技有限公司	技术员	
42	软件1147	重庆市嘉麦士食品有限公司	销售	
43	软件1148	重庆淳凯机械制造有限公司	销售	
44	软件1149	北京玛斯特系统工程有限公司	技术员	
45	软件1150	重庆南岸华福沙发厂	销售	
46	软件1151	重庆高创数码市场经营管理有限公司	技术员	生活委员

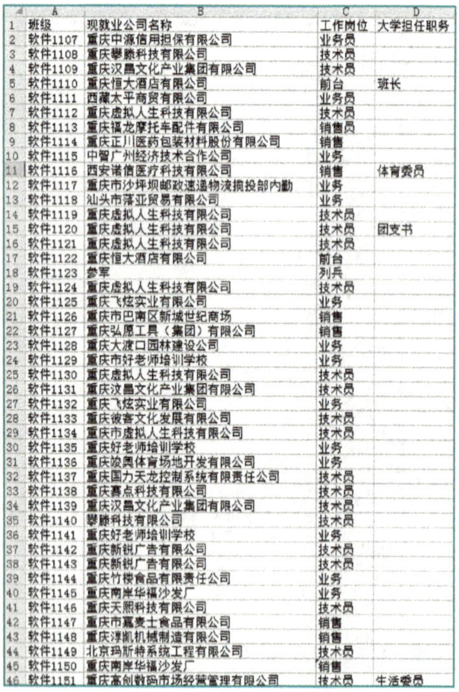

图 3-25　Excel 文件

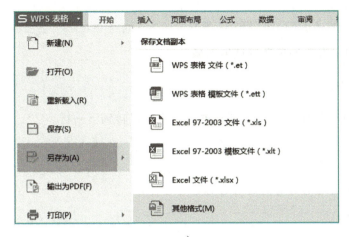

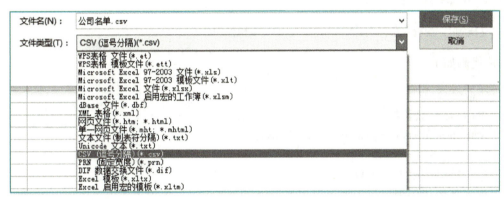

图 3-26 将 Excel 文件转换为 CSV 格式

a) 执行 "另存为" 菜单命令 b) 设置保存文件的扩展名为 ".csv"

3）CSV 文件分析。上面的 CSV 文件的结构主要分为两部分：头部字段和文件内容。其中，文件头是由多个字段（班级、现就业公司名称、工作岗位、大学担任职务）组成的，其他部分为文件内容。因此，可以通过 CSV 文件的行和字段获取特定内容。

3.4.2 输出 CSV 文件头部

3.4.2 输出 CSV 文件头部

【实例 3-2】输出该 CSV 文件的头部字段：班级、现就业公司名称、工作岗位、大学担任职务。

1）在 Python 中导入 CSV 库。

```
import csv
```

2）指定需要输出的 CSV 文件名。

```
filetouse ='公司名单.csv'
```

3）使用 with open 方法打开该文件。其中，filetouse 为文件名，'r' 表示该文件为只读，encoding 表示该文件的编码方式为 utf-8。

```
with open(filetouse,'r',encoding='utf-8') as f:
```

4) 使用 csv.reader 方法创建数据读取对象。

```
r = csv.reader(f)
```

5) 使用 next 方法读取第一行的头部数据,并将焦点转到下一行。

```
file_header = next(r)
```

6) 输出结果。

```
print(file_header)
```

7) 显示结果如下:

```
['班级','现就业公司名称','工作岗位','大学担任职务']
```

完整代码如下:

```
import csv
filetouse = '公司名单.csv'
with open(filetouse,'r',encoding='utf-8') as f:
    r = csv.reader(f)
    file_header = next(r)
    print(file_header)
```

3.4.3 使用 Python 读取 CSV 文件数据

【**实例3-3**】我们已经获得了该 CSV 文件的头部字段,那么如何获取某个记录的具体信息呢?例如,要获得"大学担任职务"字段中值为"团支部书记"的记录。

1) 在 Python 中导入 CSV 库。

```
import csv
```

2) 指定需要输出的 CSV 文件名。

```
filetouse ='公司名单.csv'
```

3) 使用 with open 方法打开该文件。其中,filetouse 为文件名,'r'表示该文件为只读,encoding 表示该文件的编码方式为 utf-8。

```
with open(filetouse,'r',encoding='utf-8') as f:
```

4) 使用 csv.reader 方法创建数据读取对象。

```
r = csv.reader(f)
```

5) 使用 next 方法读取第一行的头部数据,并将焦点转到下一行。

```
file_header = next(r)
```

6）输出结果。

```
print(file_header)
```

7）通过自定义变量 id 和 file_header_col，以 for 循环的方式，使用 enumerate 方法将 file_header 的值导出，并打印。其中，enumerate 方法会把头部字段中的内容以索引号和文字的形式划分开来。

```
for id, file_header_col in enumerate(file_header):
    print(id, file_header_col)
```

8）输出结果。id 为索引号，file_header_col 为公司头部字段。由此可知，字段"大学担任职务"的索引号为 3。

```
0 班级
1 现就业公司名称
2 工作岗位
3 大学担任职务
```

9）使用自定义变量 row 获得 for 循环中 CSV 模块读取的文件对象 r，并在循环中使用 if 条件语句判断每行中 row[3]（第四个元素）的值是否为"团支部书记"，并打印出结果。

```
for row in r:
    if row[3] == '团支部书记':
        print(row)
```

10）显示结果。

```
['软件1120', '重庆虚拟人生科技有限公司', '技术员', '团支部书记']
```

这样，就通过对 CSV 模块的操作，提取了特定的内容。

3.4.4 使用 Python 写入 CSV 文件数据

【实例 3-4】本实例实现写入数据。

1）在 Python 中导入 CSV 库。

```
import csv
```

2）使用 with open 方法打开该文件。其中，'爱国主义精神.csv'为需要写入的文件名，'a' 表示向文件附加写入内容，encoding 表示该文件的编码方式为 utf-8。

```
with open('爱国主义精神.csv','a',encoding='utf-8') as f:
```

3）使用 csv.writer 方法创建数据写入对象。

```
wr = csv.writer(f)
```

4)开始写入数据,这里可以使用 writerow 和 writerows 两种方法。第一种方法一次写入一行记录,第二种方法一次写入多行记录。

```
wr.writerows([['创新精神','奋斗精神'],['团结精神','梦想精神']])
wr.writerow(['创新精神','奋斗精神'])
wr.writerow(['团结精神','梦想精神'])
```

5)读取并显示写入后的文件。

```
with open('爱国主义精神.csv','r',encoding='utf-8') as f2:
    r = csv.reader(f2)
    for row in r:
        print(row)
```

6)显示结果。

```
['创新精神','奋斗精神']
['团结精神','梦想精神']
```

3.4.5 JSON 概述

JavaScript 对象表示法(JavaScript Object Notation,JSON)是一种轻量级数据交换格式。开发人员很容易读和写,机器很容易解析和生成。它是基于 JavaScript 编程语言的一个子集。JSON 是一种完全独立于语言的文本格式,但对于熟悉 C-family 语言包括 C、C++、C#、Java、JavaScript、Perl、Python 等语言的程序员,JSON 是一种理想的数据交换语言。

1. JSON 的两种结构

1)键值对的集合。在各种语言中,这涉及对象、记录、字典、哈希表、键列表或关联数组等。

2)值的有序列表。在大多数语言中,这涉及数组、向量、列表或序列。

它们都是通用的数据结构。几乎所有现代编程语言都支持一种或多种形式。这就使得不同编程语言的数据结构互换能够基于 JSON 结构。

2. JSON 文件分析

下面以一个 JSON 格式的数据为例。

```
{"people":[
    {"name":"Simon" , "age":"22"},
    {"name":"Tom"   , "age":"24"},
    {"name":"Jack"  , "age":"26"}]}
```

在这个实例中,花括号{}之间为 JSON 键值对数据,其中 people 为键,方括号中的内容为值。同时,在方括号中又嵌套了三个键为 name 和 age,值分别为 Simon 和 22、Tom 和 24、Jack 和 26 的 JSON 数据。从面向对象的角度来分析,这个 people 对象是包含三个人物记录(对象)

的数组。

3.4.6 使用 Python 读取 JSON 文件数据

【实例 3-5】实现 JSON 文件数据读取。

1）在 Python 中导入 json 库。

```
import json
```

2）使用 with open 方法打开一个名为 "JSON 文件.json" 的文件，通过参数 r 实现文件的读取，并且指定其打开的字符集格式为 utf-8-sig，最后将文件操作对象放入变量 f 中。

```
with open('JSON 文件.json','r',encoding='utf-8-sig') as f:
```

3）使用 read 方法读取文件数据，并存入变量 str 中。

```
str = f.read()
```

4）使用 json 库的 loads 方法将数据格式转换为 JSON 格式，将其赋值给变量 data，并打印输出，以便查看。

```
data = json.loads(str)
print(data)
```

5）获取变量 data 的键为 people 的值，将其赋值给变量 name_age，并打印输出。

```
name_age = data['people']
print(name_age)
```

6）获取列表 name_age 的第二个元素的键为 name 和 age 的值，并打印输出。

```
target_name = name_age[1]['name']
target_age = name_age[1]['age']
print(target_name+':'+target_age)
```

输出结果：

```
{'people': [{'name': 'Simon', 'age': '22'}, {'name': 'Tom', 'age': '24'}, {'name': 'Jack', 'age': '26'}]}
[{'name': 'Simon', 'age': '22'}, {'name': 'Tom', 'age': '24'}, {'name': 'Jack', 'age': '26'}]
Tom:24
```

3.4.7 使用 Python 写入 JSON 文件数据

【实例 3-6】实现 JSON 文件数据写入。

1）在 Python 中导入 json 库。

```
import json
```

2）声明及定义一个字典类型数据。

```
dict_content = {"name":"jack"}
```

3）使用 with open 方法打开一个名为 "JSON 文件.json" 的文件，通过参数 w 实现文件的写入，然后将文件操作对象放入变量 f 中，最后使用 json 的 dump 方法实现数据的写入。

```
with open('JSON 文件写入.json','w') as f:
    json.dump(dict_content,f)
```

输出结果：

```
{"name": "jack"}
```

3.5 任务实现

【实例 3-7】使用 PyMySQL 对 MySQL 进行增删改查操作。这里先创建一个数据表 employee，并对该表设置字段 id、first_name、last_name、age、sex 和 income，将 id 设为主键，然后使用 PyMySQL 实现对数据表 employee 的数据操作。

说明：所有操作均在刚才创建的数据库 test 中完成。

1. 创建表结构

1）在 Python 中导入 PyMySQL 库。

```
import pymysql
```

2）使用 PyMySQL 库建立与 MySQL 的连接，并返回一个 db 对象。connect 方法中的参数分别表示：localhost 为主机名，root 为连接 MySQL 的用户名，"密码" 为 MySQL 的连接密码，test 表示操作的 MySQL 数据库。

```
db = pymysql.connect("localhost","root","密码","test")
```

3）使用 connector 对象的 cursor 方法建立对 MySQL 的操作游标。

```
cursor = db.cursor()
```

4）使用游标 cursor 执行 SQL 语句。该 SQL 语句表示如果数据库中 test 存在表 employee，则先将其删除。这一步的目的就是防止出现重复数据。

```
cursor.execute("DROP TABLE IF EXISTS employee")
```

5）使用字符串编写 SQL 语句。这里的 SQL 语句使用 CREATE TABLE 创建一个名为 employee 的表，并设置 id、first_name、last_name、age、sex 和 income 的字段和属性，并将 id 设为主键，字符集使用 utf8mb4。

注意：这里使用三引号表示多行字符串。

```
sql = """CREATE TABLE 'employee' (
'id' int(10) NOT NULL AUTO_INCREMENT,
```

```
        'first_name' char(20) NOT NULL,
        'last_name' char(20) DEFAULT NULL,
        'age' int(11) DEFAULT NULL,
        'sex' char(1) DEFAULT NULL,
        'income' float DEFAULT NULL,
        PRIMARY KEY ('id')
    ) ENGINE=InnoDB DEFAULT CHARSET=utf8mb4;"""
```

6) 执行前面的 SQL 语句。

```
cursor.execute(sql)
```

7) 打印输出提示字符串，并关闭连接。

```
print("Created table Successfully.")
db.close()
```

8) 运行结果，如图 3-27 所示。

```
Created table Successfully.
```

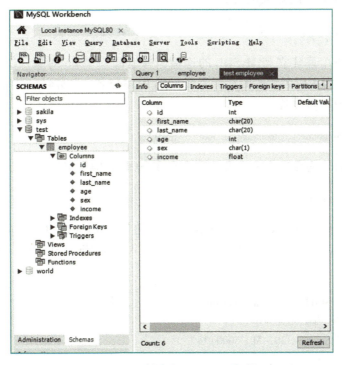

图 3-27　创建表 employee 成功

完整代码如下：

```
import pymysql
db = pymysql.connect("localhost","root","密码","test")
```

```
cursor = db.cursor()
cursor.execute("DROP TABLE IF EXISTS employee")
sql = """CREATE TABLE 'employee' (
  'id' int(10) NOT NULL AUTO_INCREMENT,
  'first_name' char(20) NOT NULL,
  'last_name' char(20) DEFAULT NULL,
  'age' int(11) DEFAULT NULL,
  'sex' char(1) DEFAULT NULL,
  'income' float DEFAULT NULL,
  PRIMARY KEY ('id')
) ENGINE=InnoDB DEFAULT CHARSET=utf8mb4;"""
cursor.execute(sql)
print("Created table Successfully.")
db.close()
```

2. 插入数据

【实例3-8】通过 PyMySQL 向表 employee 的 first_name、last_name、age、sex 和 income 字段插入一条新的记录。如果发生异常，则实现事务性回滚操作。

1）在 Python 中导入 PyMySQL 库。

```
import pymysql
```

2）使用 PyMySQL 库建立与 MySQL 的连接，并返回一个 db 对象。connect 方法中的参数分别表示：localhost 为主机名，root 为连接 MySQL 的用户名，"密码"为 MySQL 的连接密码，test 表示操作的 MySQL 数据库。

```
db = pymysql.connect("localhost","root","密码","test")
```

3）使用 connector 对象的 cursor 方法建立对 MySQL 的操作游标。

```
cursor = db.cursor()
```

4）使用字符串编写 SQL 语句。这里的 SQL 语句使用 INSERT INTO 向表 employee 的字段 first_name、last_name、age、sex 和 income 分别插入 VALUES 为 Mac、Su、20、M 和 5000 的值。

```
sql = """INSERT INTO employee(first_name,
last_name, age, sex, income)
VALUES ('Mac', 'Su', 20, 'M', 5000)"""
```

5）使用 try 和 except 语句执行游标 cursor 的 SQL 语句，并使用 commit 方法提交至 MySQL 数据库服务器。rollback 方法表示如果在整个提交过程中出现任何问题，则实现事务性回滚操作。

```
try:
    cursor.execute(sql)
```

```
        db.commit()
    except：
        db.rollback()
```

6）关闭数据库连接。

```
db.close()
```

7）运行结果如图 3-28 所示。

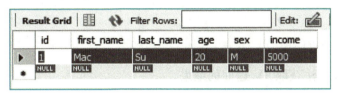

图 3-28 插入数据运行结果

完整代码如下：

```
import pymysql
db=pymysql.connect("localhost","root","密码","test")
cursor=db.cursor()
sql="""INSERT INTO employee(first_name,
    last_name, age, sex, income)
    VALUES ('Mac', 'Su', 20, 'M', 5000)"""
try：
    cursor.execute(sql)
    db.commit()
except：
    db.rollback()
db.close()
```

3. 查询数据

【实例 3-9】使用 PyMySQL 在 employee 表中查询 income 字段值大于 1000 的记录，并使用 for 语句循环输出所有记录。如果出现异常，则抛出异常信息。

1）在 Python 中导入 PyMySQL 库。

```
import pymysql
```

2）使用 PyMySQL 库建立与 MySQL 的连接，并返回一个 db 对象。connect()方法中的 localhost 参数为主机名，root 参数为连接 MySQL 的用户名，"密码"参数为 MySQL 的连接密码，test 参数表示操作的 MySQL 数据库。

```
db=pymysql.connect("localhost","root","密码","test")
```

3）使用 connector 对象的 cursor()方法建立对 MySQL 的操作游标。

```
cursor=db.cursor()
```

4)使用字符串编写 SQL 语句。这里的 SQL 语句使用 SELECT FROM 查询 employee 表中条件为 income 字段值大于 1000 的记录。

```
sql = "SELECT * FROM employee \
    WHERE income > %d" % (1000)
```

5)在 try 中执行游标的 SQL 语句。

```
try:
    cursor.execute(sql)
```

6)使用 fetchall 方法获取 5)返回的结果。

```
results = cursor.fetchall()
```

7)使用 for 循环遍历返回的结果,并通过数组下标获得每行中的列值,最后使用 print 方法将其输出。

```
for row in results:
    fname = row[1]
    lname = row[2]
    age = row[3]
    sex = row[4]
    income = row[5]
    print ("name = %s %s,age = %s,sex = %s,income = %s" % \
        (fname, lname, age, sex, income))
```

8)在 except 中导入 traceback 模块,并使用该模块的 print_exc 方法输出更加详细的异常信息。

```
except:
    import traceback
    traceback.print_exc()
    print ("Error: unable to fetch data")
```

9)关闭服务器连接。

```
db.close()
```

10)运行结果如图 3-29 所示。

```
name = Mac Su,age = 20,sex = M,income = 5000.0
```

完整代码如下:

```
import pymysql
db = pymysql.connect("localhost","root","密码","test")
```

```
        cursor = db.cursor()
        sql = "SELECT * FROM employee \
               WHERE income > %d" % (1000)
        try:
            cursor.execute(sql)
            results = cursor.fetchall()
            for row in results:
                fname = row[1]
                lname = row[2]
                age = row[3]
                sex = row[4]
                income = row[5]
                print("name = %s %s,age = %s,sex = %s,income = %s" % \
                      (fname, lname, age, sex, income))
        except:
            import traceback
            traceback.print_exc()
            print("Error: unable to fetch data")
        db.close()
```

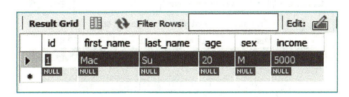

图 3-29　使用 PyMySQL 向 MySQL 查询数据

4. 更新数据

【实例 3-10】通过 PyMySQL 向表 employee 更新字段 age，将其所有的值加 1，更新的条件是字段 sex 的值为 M。如果出现异常，则实现事务性回滚操作。

1）在 Python 中导入 PyMySQL 库。

```
import pymysql
```

2）使用 PyMySQL 库建立与 MySQL 的连接，并返回一个 db 对象。connect 方法中的参数含义：localhost 为主机名，root 为连接 MySQL 的用户名，"密码"为 MySQL 的连接密码，test 表示操作的 MySQL 数据库。

```
db = pymysql.connect("localhost","root","密码","test")
```

3）使用 connector 对象的 cursor 方法建立对 MySQL 的操作游标。

```
cursor = db.cursor()
```

4）使用字符串编写 SQL 语句。这里的 SQL 语句使用 UPDATE SET 更新表 employee 的

age，更新条件为 sex 等于 M。

```
sql = "UPDATE employee SET age = age + 1 \
                                   WHERE sex = '%c'" % ('M')
```

5）使用 try 和 except 语句执行游标 cursor 的 SQL 语句，并使用 commit 方法提交至 MySQL 数据库服务器。rollback 方法表示如果在整个提交过程中出现任何问题，则实现事务性回滚操作。

```
try:
    cursor.execute(sql)
    db.commit()
except:
    db.rollback()
```

6）关闭服务器连接。

```
db.close()
```

7）运行结果如图 3-30 所示。

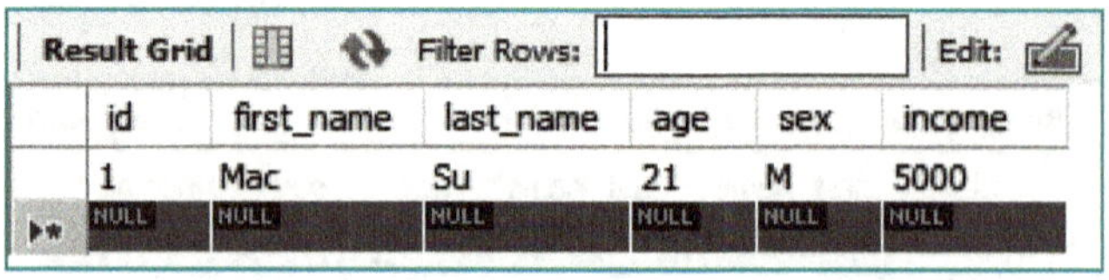

id	first_name	last_name	age	sex	income
1	Mac	Su	21	M	5000
NULL	NULL	NULL	NULL	NULL	NULL

图 3-30　使用 PyMySQL 向 MySQL 更新数据

完整代码如下：

```
import pymysql
db = pymysql.connect("localhost","root","密码","test" )
cursor = db.cursor()
sql = "UPDATE employee SET age = age + 1 \
                                   WHERE sex = '%c'" % ('M')
try:
    cursor.execute(sql)
    db.commit()
except:
    db.rollback()
db.close()
```

5. 删除数据

【实例 3-11】 通过 PyMySQL 删除表 employee 中符合条件的记录，删除的条件是字段 age 的值大于 40。如果出现异常，则实现事务性回滚操作。

1）在 Python 中导入 PyMySQL 库。

```
import pymysql
```

2）使用 PyMySQL 库建立与 MySQL 的连接，并返回一个 db 对象。connect 方法中的参数含义：localhost 为主机名，root 为连接 MySQL 的用户名，"密码"为 MySQL 的连接密码，test 表示操作的 MySQL 数据库。

```
db = pymysql.connect("localhost","root","密码","test")
```

3）使用 connector 对象的 cursor 方法建立对 MySQL 的操作游标。

```
cursor = db.cursor()
```

4）使用字符串编写 SQL 语句。这里的 SQL 语句使用 DELETE FROM 将表 employee 中 age 大于 40 的记录删除。

```
sql = "DELETE FROM employee WHERE age > '%d'" % (40)
```

5）使用 try 和 except 语句执行游标 cursor 的 SQL 语句，并使用 commit 方法提交至 MySQL 数据库服务器。rollback 方法表示如果在整个提交过程中出现任何问题，则实现事务性回滚操作。

```
try:
    cursor.execute(sql)
    db.commit()
except:
    db.rollback()
```

6）关闭服务器连接。

```
db.close()
```

7）运行结果如图 3-31 所示。

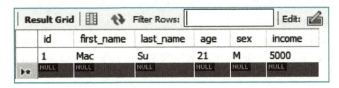

图 3-31 使用 PyMySQL 向 MySQL 删除数据

完整代码如下：

```
import pymysql
db = pymysql.connect("localhost","root","密码","test")
cursor = db.cursor()
sql = "DELETE FROM employee WHERE age > '%d'" % (40)
try:
```

```
        cursor.execute(sql)
        db.commit()
    except:
        db.rollback()
db.close()
```

到此，已经实现了在 Python 中使用 PyMySQL 模块操作 MySQL 数据表格的基本用法。

6. 数据探索

【**实例 3-12**】利用 numpy 生成学生模拟数据，通过 pandas 写入和读取指定学生就业信息，并对其进行数据探索。

1）在 Python 中导入 pandas、numpy 和 random。

```
import pandas as pd
import numpy as np
import random
```

2）设置随机种子以确保结果的可重复性。

```
np.random.seed(42)
random.seed(42)
```

3）创建模拟数据。

```
num_students = 200
data = {
    '学号': [f'ST{1000 + i}' for i in range(1, num_students + 1)],
    '姓名': [f'Student {i}' for i in range(1, num_students + 1)],
    '专业': [random.choice(['计算机科学', '电子工程', '人力资源', '市场营销']) for _ in range(num_students)],
    '毕业年份': [random.choice([2022, 2023, 2024]) for _ in range(num_students)],
    '大学担任职务': [random.choice(['纪律委员', '体育委员', '班长', '团支书', '学习委员', '生活委员']) for _ in range(num_students)],
    '数量': [np.random.randint(3000, 10000) for _ in range(num_students)],
    '就业状态': [random.choice(['已就业', '未就业']) for _ in range(num_students)]
}
df = pd.DataFrame(data)
```

4）将数据保存为 CSV 文件。

```
df.to_csv('student_employment_data.csv', index=False)
```

5）加载数据。

```
data = pd.read_csv('student_employment_data.csv')
```

6）查看前几行数据。

```
print(data.head())
```

运行结果如下：

	学号	姓名	专业	毕业年份	大学担任职务	数量	就业状态
0	ST1001	Student 1	计算机科学	2022	体育委员	3860	未就业
1	ST1002	Student 2	计算机科学	2024	体育委员	8390	未就业
2	ST1003	Student 3	人力资源	2024	团支书	8226	未就业
3	ST1004	Student 4	电子工程	2022	班长	8191	未就业
4	ST1005	Student 5	电子工程	2022	班长	6772	未就业

7）查看数据基本信息。

```
print(data.info())
```

运行结果如下：

```
<class 'pandas.core.frame.DataFrame'>
RangeIndex: 200 entries, 0 to 199
Data columns (total 7 columns):
 #   Column      Non-Null Count  Dtype
---  ------      --------------  -----
 0   学号          200 non-null    object
 1   姓名          200 non-null    object
 2   专业          200 non-null    object
 3   毕业年份        200 non-null    int64
 4   大学担任职务      200 non-null    object
 5   数量          200 non-null    int64
 6   就业状态        200 non-null    object
dtypes: int64(2), object(5)
memory usage: 11.1+ KB
```

8）显示统计描述信息。

```
print(data.describe())
```

运行结果如下：

```
           毕业年份          数量
count    200.000000   200.000000
mean    2022.960000  6551.415000
std        0.843777  2055.990029
min     2022.000000  3034.000000
25%     2022.000000  4712.750000
50%     2023.000000  6363.500000
75%     2024.000000  8348.000000
max     2024.000000  9975.000000
```

9) 查看列名。

```
print(data.columns)
```

运行结果如下：

```
Index(['学号','姓名','专业','毕业年份','大学担任职务','数量','就业状态'],dtype='object')
```

10) 查看就业状态分布。

```
print(data['就业状态'].value_counts())
```

运行结果如下：

```
未就业    112
已就业     88
Name：就业状态, dtype: int64
```

11) 查看专业分布。

```
print(data['专业'].value_counts())
```

运行结果如下：

```
电子工程      57
计算机科学    56
市场营销      44
人力资源      43
Name：专业, dtype: int64
```

12) 完整代码如下：

```python
import pandas as pd
import numpy as np
import random
np.random.seed(42)
random.seed(42)
num_students = 200
data = {
    '学号': [f'ST{1000 + i}' for i in range(1, num_students + 1)],
    '姓名': [f'Student {i}' for i in range(1, num_students + 1)],
    '专业': [random.choice(['计算机科学', '电子工程', '人力资源', '市场营销']) for _ in range(num_students)],
    '毕业年份': [random.choice([2022, 2023, 2024]) for _ in range(num_students)],
    '大学担任职务': [random.choice(['纪律委员', '体育委员', '班长', '团支书', '学习委员','生活委员']) for _ in range(num_students)],
    '数量': [np.random.randint(3000, 10000) for _ in range(num_students)],
    '就业状态': [random.choice(['已就业', '未就业']) for _ in range(num_students)]
```

```
    }
df = pd.DataFrame(data)
df.to_csv('student_employment_data.csv', index=False)
data = pd.read_csv('student_employment_data.csv')
print(data.head())
print(data.info())
print(data.describe())
print(data.columns)
print(data['就业状态'].value_counts())
print(data['专业'].value_counts())
```

3.6 小结

本章使用 Python 操作 CSV 和 JSON 文件格式的数据，实现对学生就业信息数据的读取和写入，并使用 PyMySQL 实现对数据库 MySQL 的增加、删除、查询和修改的数据持久化操作。

通过本章的学习，读者可以了解 MySQL 和 PyMySQL 的基本含义，掌握在 Windows 操作系统中安装 MySQL 和 PyMySQL 的环境以及基本用法。读者还可以学习 CSV 和 JSON 的基础知识和数据类型转换，并且实现 CSV 和 JSON 数据的读取和写入操作。通过本章的学习，读者可以用 MySQL 和 PyMySQL 创建数据库、数据表，并对该数据表的数据进行增加、删除、更新和查询操作。

3.7 习题

1. 使用 Python 读取和输出 CSV 和 JSON 数据。
2. 使用 Python 连接 MySQL，创建数据库和表，并实现增删改查。

任务 4 requests 库技术应用案例
——静态数据和动态数据采集

学习目标

- 分析业务网站 A、B、C 和 D 的网页结构和内容
- 使用 requests 库编写爬虫代码，获取指定的静态和动态数据
- 使用 BeautifulSoup 实现数据的解析
- 使用 pymysql 库和 pandas 库实现数据的持久化

本章将结合前几章介绍的主要技术，综合编写四个爬虫的案例。本任务在 Chrome 浏览器中通过 requests 库自定义编写爬虫代码，获取网站内指定的静态和动态数据，并通过 BeautifulSoup 库实现数据的解析，最后使用 pymysql 库和 pandas 库实现数据的持久化。

4.1 任务描述

本章任务将会分为四个小任务案例，通过编写基于 requests 库的网络数据采集代码，实现网络数据的采集、处理和存储。

4.2 静态数据和动态数据

4.2.1 静态数据基本概念

静态数据是指在程序运行过程中主要用于控制或参考的数据，它们在很长一段时间内不会变化，一般不随运行而变。在 Web 系统的体系架构中，为了提高性能，一般将图片、视频、文字等数据单独存储在静态服务器中，目的就是第一时间响应客户端的需求。在操作系统的内存管理中，静态数据存放在静态区，它们和全局变量保存在同一个区，它们的生存期是程序的整个运行过程。

4.2.2 动态数据基本概念

动态数据包括在程序运行过程中所有发生变化的数据，在运行中需要输入、输出的数据，以及在联机操作中要改变的数据。动态数据的准备与系统切换的时间有直接关系。在 Web 系统的体系架构中，动态数据是常常变化、直接反映事务过程的数据，比如网站访问量、在线人数、日销售额等。在操作系统的内存管理中，动态数据存放在堆区或栈区。

4.2.3 AJAX 的起源

2005 年，Google 通过 Google Suggest 使 AJAX 流行起来。Google Suggest 使用 AJAX 创造出动态性极强的 Web 界面：当你在 Google 的搜索框输入关键字时，JavaScript 会把这些字符发送到服务器，然后服务器会返回一个建议的列表。

4.2.4 AJAX 概述

AJAX（Asynchronous JavaScript And XML）就是异步的 JavaScript 和 XML。AJAX 并不是一种新的编程语言，仅是一种新的技术，它可以创建更好、更快且交互性更强的 Web 应用程序。

在前面章节中介绍了如何使用 requests 库获取页面数据。但是，requests 库只能获取静态 HTML 页面的数据，如果页面当中存在使用 JavaScript 处理的数据，requests 库则无法获取。目前，越来越多的页面都使用了 AJAX 技术实现页面数据的动态处理。AJAX 能够在传统的静态 HTML 页面加载完成之后，异步地调用 JavaScript 向服务器获取某个接口所发送和接收的特定数据，这种异步交互的数据格式包括 XML。从页面处理的效果上看，AJAX 能够在不刷新整个页面的情况下，实现后台局部刷新。这样做的好处是显而易见的，浏览器不用每次都向服务器请求整个页面的全部数据，从而节约了网络带宽，减少了服务器工作负载，提高了 Web 程序的整体性能。AJAX 和传统 Web 处理模式的区别如图 4-1 所示。

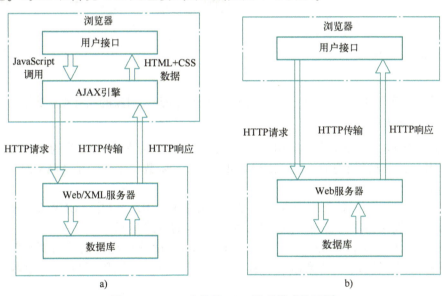

图 4-1　AJAX 和传统 Web 处理模式的区别
a) AJAX 处理模式　b) 传统 Web 处理模式

从当前 Web 应用程序发展来看，很多 Web 前端数据都是基于 JavaScript 框架实现与后端的数据交互的。也就是说，不论后端使用何种语言，基于 JavaScript 框架后端与前端都能实现数据交互。

4.2.5 AJAX 的特点

AJAX 是一个基于 JavaScript 的对象。不同的浏览器对这个对象有不同的支持。可以根据不同的浏览器，使用不同的 AJAX 对象，实现数据的异步交互。下面来举例说明。

对于比较早期版本的 IE 浏览器，可以分别使用 var xmlHttp = new ActiveXObject("Microsoft. XMLHTTP")和 var xmlHttp=new ActiveXObject("Microsoft2. XMLHTTP")获取 AJAX 对象。

对于目前主流的浏览器，可以使用 var xmlHttp = new XMLHttpRequest()获取 AJAX 对象。因此，在实际的开发过程中，从浏览器兼容的角度出发，经常使用如下方法实现兼容：

```
function createXMLHttpRequest(){
    var xmlHttp;
    //适用于大多数浏览器，以及IE7和IE更高版本
    try{
        xmlHttp = new XMLHttpRequest();
    }catch (e)
    {
        //适用于IE6
        try{
            xmlHttp = new ActiveXObject("Msxml2.XMLHTTP");
        }catch (e){
            //适用于IE5.5，以及IE更早版本
            try{
                xmlHttp = new ActiveXObject("Microsoft.XMLHTTP");
            }catch (e){}
        }
    }
    return xmlHttp;
}
```

对不同浏览器实现兼容处理之后，就可以进一步使用 AJAX 对象的成员实现数据的发送和接收。

1. 发送请求的数据

1）定义一个 JavaScript 函数 sendRequest()，并将需要请求的 URL 作为参数传入。

2）调用已实现兼容处理的 createXMLHttpRequest()函数，创建一个 AJAX 对象并赋值给变量 XMLHttpReq。

3）使用 XMLHttpReq 对象的 open()方法打开指定的 URL。其中，GET 表示使用的请求方式，url 表示需要发送请求的位置，true 表示使用异步的方式实现。

4）使用 XMLHttpReq 对象的属性 onreadystatechange 设置指定响应的回调函数。回调函数是指当服务器将数据返回给浏览器后，被自动调用的方法。这里可以只使用函数名，例如 processResponse。

5）使用 XMLHttpReq 对象的 send()方法发送请求即可。

上述发送请求的过程如下：

```
//发送请求函数
function sendRequest(url){
    XMLHttpReq = createXMLHttpRequest();
    XMLHttpReq.open("GET", url, true);
    XMLHttpReq.onreadystatechange = processResponse;   //指定响应函数
    XMLHttpReq.send(null);                             //发送请求
}
```

2. 接收响应的数据

1) 定义一个 JavaScript 函数 processResponse( )。该函数作为回调函数。

2) 使用 if 条件判断 XMLHttpReq 的属性 readyState 的值是否为 4，该值表示服务器已经将数据完整返回，并且浏览器全部接收完毕。readyState 属性为只读，使用状态值为 0~4 的整型表示，定义如下：

① 0（未初始化）：对象已建立，但是尚未初始化（尚未调用 open( )方法）。

② 1（初始化）：已调用 send( )方法，正在发送请求。

③ 2（发送数据）：send( )方法调用完成，但是当前的状态及 HTTP 头未知。

④ 3（数据传送中）：已接收部分数据，因为还没有完全接收响应数据，这时通过 responseBody 和 responseText 获取部分数据会出现错误。

⑤ 4（完成）：数据接收完毕，此时可以通过 responseBody 和 responseText 属性获取完整的回应数据。

3) 使用 if 条件语句判断 XMLHttpReq 对象的 status 属性值是否为 200，该值表示响应状态成功。

status 表示 HTTP 响应状态码。常见的 HTTP 响应状态码如下：

① 100：Continue。初始的请求已经被接收，客户应当继续发送请求的其余部分。

② 200：OK。一切正常，对 GET 和 POST 请求的应答文档跟在后面。

③ 301：Moved Permanently。当前请求的资源已经被永久移除了。

④ 302：Found。类似于 301，但新的 URL 应该被视为临时性替代，而不是永久性的。

⑤ 400：Bad Request。请求出现语法错误。

⑥ 401：Unauthorized。客户未经授权试图访问受密码保护的页面。

⑦ 403：Forbidden。资源不可用。

⑧ 404：Not Found。无法找到指定位置的资源。

⑨ 500：Internal Server Error。服务器遇到了意料不到的情况，不能完成客户的请求。

⑩ 501：Not Implemented。服务器不支持实现请求所需要的功能。例如，客户发出了一个服务器不支持的 PUT 请求。

4) 如果响应状态码为 200，则使用 XMLHttpReq 的 responseText 属性获得服务器响应的数据文本。否则输出："您所请求的页面有异常。"

上述处理响应数据的过程如下：

```
//处理返回值信息函数
function on processResponse( ){
    if(XMLHttpReq.readyState==4){ //表示服务端已经将数据完整返回，并且浏览器全部接收完毕
        if(XMLHttpReq.status==200){    //判断响应状态码是否为 200
            alert(XMLHttpReq.responseText);
        }else{                          //页面不正常
            window.alert("您所请求的页面有异常。");
        }
    }
}
```

4.3 子任务1：业务网站A静态数据采集

4.3.1 页面分析

输入网址 https://detail.zol.com.cn/notebook_index/subcate16_0_list_1_0_99_2_0_1.html，如图4-2所示。

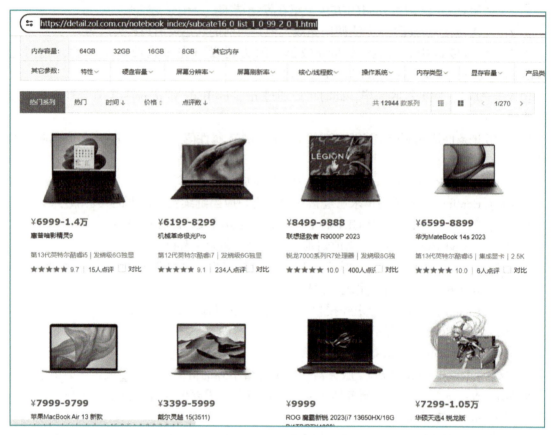

图4-2 业务网站A主页

可以观察到网站主页显示的主要内容，有笔记本计算机型号、价格、配置、评分等。通过本次任务，将要获取该页的所有笔记本计算机信息，在此之前，要先判断此数据是静态数据还是动态数据，如图4-3所示。

由图4-3可知，想要获取的内容直接包含在标签内，为静态数据，编写爬虫代码获取网页标签内容即可。

4.3.2 获取静态数据

4.3.2 获取静态数据

【实例4-1】本例将在4.3.1节的基础上，使用Python编写爬虫获取网页静态数据，有针对性地获得网页中的笔记本计算机型号、价格、配置、评分。具体步骤如下：

1）在Python中导入requests库和bs4库中的BeautifulSoup，并且定义一个空列表new_list，

图 4-3　检查数据类型

用于存储爬取下来的静态数据，并自定义第一个列表，这个列表将用于存储对应数据的字段名和后续数据。

```
import requests
from bs4 import BeautifulSoup
new_list = [['计算机型号','价格','配置','评分']]
```

2）构造爬虫代码请求该 URL 的 Headers 头部信息。在"开发者工具"的 Network 栏目下的 Headers 中得到该默认 URL 的 Headers 头部信息。

```
headers = {
'User-Agent':' Mozilla/5.0（Windows NT 10.0；Win64；x64）AppleWebKit/537.36（KHTML,like Gecko）Chrome/74.0.3729.108 Safari/537.36'
}
```

3）定义变量 complete_url 用于记录指定的 URL 网址。

```
complete_url = "https://detail.zol.com.cn/notebook_index/subcate16_0_list_1_0_99_2_0_1.html"
```

4）使用 requests 库的 get( )方法获得网址的 Response 对象，并设置 headers 参数，定义变量 req 以保存。

```
req = requests.get(url=complete_url,headers=headers)
```

5）使用 encoding( )方法，设置 req 变量的编码方式。

```
req.encoding ='GBK'
```

6）使用 BeautifulSoup 库解析 HTML 文档的代码。req.txt 是一个包含 HTML 内容的字符串，features 定义解析器为"html.parser"，用于将 HTML 转换为 Python 对象，定义变量 soup 以保存。

```
soup = BeautifulSoup(req.text, features="html.parser")
```

7）定位数据。

在网页结构中，通过分析可以发现，获取的数据都统一存储在 ID 为 J_PicMode 的标签中，所以只需要找到并保存这个标签就可以实现静态数据的爬取，如图 4-4 所示。

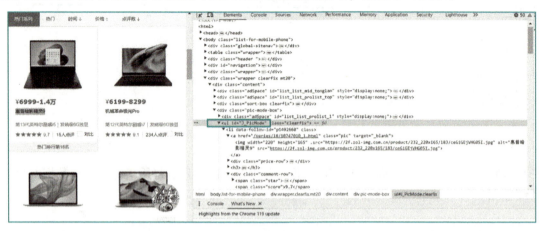

图 4-4　包含数据的标签结构

8）获取数据。

第一步：分析网页，使用 selector 方法定位笔记本计算机型号、价格、配置、评分标签的位置，并保存位置数据，如图 4-5 所示。

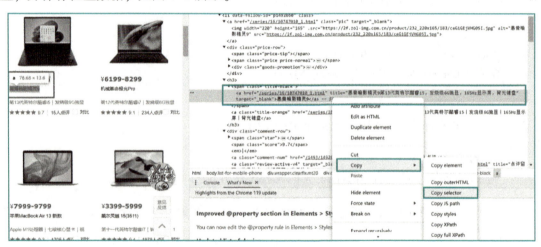

图 4-5　数据保存在标签 <a> 中

第二步：声明及定义 4 个空列表，分别保存笔记本计算机型号、价格、配置、评分数据。使用 for 循环方式遍历提取 select() 方法获得的数据，并使用 append() 方法追加到 4 个空列表中，同时使用 zip() 方法将数组中的数据整合在一起，完成静态数据爬取。完整代码如下：

```
a = []
b = []
c = []
```

```
        d = []

laptop_names = soup.select('#J_PicMode > li > h3 > span > a')
prices = soup.select('#J_PicMode > li > div.price-row > span.price.price-normal > b.price-type')
configs = soup.select('#J_PicMode > li > h3 > a')
scores = soup.select('#J_PicMode > li > div.comment-row > span.score')

for laptop_name in laptop_names:
    a.append(laptop_name.string)
for price in prices:
    b.append(price.string)
for config in configs:
    c.append(config.string)
for score in scores:
    d.append(score.string)
for h in zip(a,b,c,d):
    h_list = list(h)
    new_list.append(h_list)
print(new_list)
```

9）运行测试，由以上代码可知，列表 a、b、c 和 d 中的数据被整合在 new_list 中保存，这就是从网页爬取的静态数据。将其打印出来观察是否正确，如图 4-6 所示。

```
['计算机型号', '价格', '配置', '评分']
['联想小新 Pro 16 超能本 2023', '5199-8299', '第13代英特尔酷睿i5|发烧级6G独显|120Hz显示屏|背光键盘', '10.0']
['联想小新 14 2023', '3999-4799', '第13代英特尔酷睿i5|集成显卡|60Hz显示屏|背光键盘', '9.9']
['惠普暗影精灵9', '6999-1.4万', '第13代英特尔酷睿i5|发烧级6G独显|165Hz显示屏|背光键盘', '9.7']
['机械革命极光Pro', '6199-8299', '第12代英特尔酷睿i7|发烧级6G独显|165Hz电竞屏|背光键盘', '9.1']
['ThinkBook 14+ 2023 酷睿版', '5099-8499', '第13代英特尔酷睿i7|2.8K显示屏|背光键盘', '10.0']
```

图 4-6　运行测试结果（部分）

4.3.3　数据持久化保存

【实例 4-2】本例将在 4.3.2 节的基础上，将从网页爬取下来的数据，使用 pandas 库保存到 Excel 中，从而实现持久化保存。

1）导入 pandas 库。

```
import pandas as pd
```

2）把列表 new_list 转换为 pandas 的数据结构 DataFrame 类型，由 dataframe 保存。

```
dataframe = pd.DataFrame(new_list)
```

3）将 dataframe 保存到 Excel 文件中（正确路径下的真实文件）。

```
dataframe.to_excel('D:\Requests\zcg.xlsx')
```

4）测试数据保存结果，如图 4-7 所示。

A	B	C	D	E
	0	1	2	3
0	计算机型号	价格	配置	评分
1	惠普暗影精	6999-1.4	第13代英特	9.7
2	机械革命	6199-8299	第12代英特	9.1
3	联想拯救	8499-9888	锐龙7000	10.0
4	华为MateB	6599-8899	第13代英特	10.0
5	苹果MacBo	7999-9799	Apple M1	9.3
6	戴尔灵越	3399-5999	第十一代	9.4
7	ROG 魔霸	9999	第13代英特	9.8
8	华硕天选	7299-1.05	锐龙7000	9.1
9	Acer宏碁	7499-9199	第13代英特	9.8
10	ThinkBook	5299-7799	第13代英特	10.0
11	联想拯救	9999-2.2	第13代英特	9.9
12	联想小新	4099-7999	第13代英特	10.0
13	苹果MacBo	9499-1.19	苹果M2芯	9.8
14	华为MateB	5099-5999	第13代英特	9.0
15	联想拯救	6999-9599	第13代英特	10.0
16	苹果Macbo	1.5万-2.5	Apple M1	8.7
17	联想拯救	7670-9999	锐龙5000	9.5
18	苹果Macbo	9999-1.15	Apple M1	9.3
19	红米Book	4299-4699	锐龙5000	7.9
20	联想拯救	6699	锐龙7丨80	6.0
21	联想小新	5699-8299	第13代英特	10.0
22	华为MateB	4999-5999	第十一代	9.1
23	吾空凌云	3599-4299	轻薄本16	9.3
24	华为MateB	5499-6999	第13代英特	8.0
25	惠普星 Bo	4989-6489	锐龙版丨	9.0
26	ROG 幻16	1.1万-1.6	第13代英特	7.6
27	联想小新	3999-4999	第13代英特尔酷睿i5丨集成显卡丨60Hz显示屏丨背光键盘	
28	戴尔 G15	6599-1.3	第12代英特	9.8
29	联想拯救	9299-1.44	第十二代	9.9
30	华硕天选	6899-9999	第十一代	9.1
31	HUAWEI Ma	3999	第十一代	9.1

图 4-7　数据保存结果（部分）

4.3.4　网页分页爬取的翻页操作实现

4.3.4　网页分页爬取的翻页操作实现

【实例 4-3】此例将在 4.3.2 节的基础上，对保存网页的变量 complete_url 进行设置。首先观察翻页网址的变化规律，如图 4-8 所示。

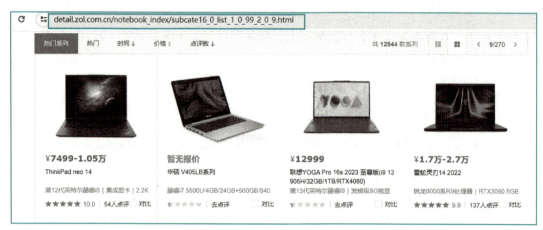

图 4-8　翻页网址的变化规律

由此可以知道，后缀 subcate16_0_list_1_0_99_2_0_X 控制网页的页数，所以可以自定义 for 循环使 X 的值不同，以达到访问不同页面的目的，使用 str 函数将其拼接在网址后，从而得到新网页地址。

```
for num in range(1,3):
    complete_url = 'https://detail.zol.com.cn/notebook_index/subcate16_0_list_1_0_99_2_0_'+str(num)+'.html'
    print(complete_url)
```

运行测试，新网址如图 4-9 所示。

```
https://detail.zol.com.cn/notebook_index/subcate16_0_list_1_0_99_2_0_1.html
https://detail.zol.com.cn/notebook_index/subcate16_0_list_1_0_99_2_0_2.html
https://detail.zol.com.cn/notebook_index/subcate16_0_list_1_0_99_2_0_3.html
https://detail.zol.com.cn/notebook_index/subcate16_0_list_1_0_99_2_0_4.html
```

图 4-9　新网址

4.3.5　数据预处理

4.3.5　数据预处理——读取、探索和清洗

【实例 4-4】此例将在 4.3.3 节的基础上，对保存的数据进行数据预处理操作，实现数据的清洗、转换和规约。

1）导入指定的库。

```
import re
import pandas as pd
from scipy.stats import zscore
from tabulate import tabulate
```

2）自定义方法 main()，作为调用其他数据预处理自定义方法的入口。

```
def main():
    #1 数据读取
    laptops = pd.read_excel('zgc_pages.xlsx', skiprows=1,
                            usecols=lambda x: x not in [0])
    laptop = pd.read_excel('zgc_new.xlsx')
    #2 数据集成
    lap_con = pd.concat([laptop, laptops], axis=0)
    #3 探索清洗数据
    laptops_new = check_data(lap_con)
    #4 数据转换
    result = transform_data(laptops_new)
    print(tabulate(result, headers='keys', tablefmt='pretty'))
```

3）自定义 check_data(laptops) 方法，用于数据探索、数据清洗和数据规约操作。

```
def check_data(laptops):
    # 1 探索数据
```

```python
# 查看前几行数据
print(laptops.head())
# 查看列名
laptops_colmuns = laptops.columns
print(laptops.info())
# 2 数据清洗
# 2.1 清洗缺失值
# 2.1.1 判断缺失值位置
print(laptops['评分'].isnull())
# 2.1.2 删除缺失值
laptops.drop(index=laptops[laptops['评分'].isnull()].index, inplace=True)
laptops.drop(index=laptops[laptops['配置'].isnull()].index, inplace=True)
# 2.2 清洗重复值
# 2.2.1 判断重复值位置
print(laptops.duplicated())
# 2.2.2 删除重复值
print(laptops.drop_duplicates(inplace=True))
# 2.3 清洗异常值
# 2.3.1 判断异常值计算 z 分数,判断是否超过阈值
z_scores = zscore(laptops['评分'])
valid_rating_condition = (z_scores > -3) & (z_scores < 3)
# 2.3.2 处理异常值
laptops_new = laptops[valid_rating_condition]
return laptops_new
```

4)自定义 transform_data(laptops_new)方法,用于数据转换操作。

```python
def transform_data(laptops_new):
    # 是否允许链式索引
    pd.set_option('mode.chained_assignment', None)
    # 1 价格拆分
    # 将价格转换为最低价格和最高价格
    # 用 "-" 分割
    split_values = laptops_new['价格'].str.split('-', expand=True)
    laptops_new[['最低价', '最高价']] = split_values
    # 定义一个函数,用于处理包含 "万" 字的数值列
    def process_wan(value):
        try:
            if re.search(r'万', value):
                return float(re.sub(r'万', '', value)) * 10000
            else:
                return float(value)
        except (ValueError, TypeError):
            return 0
```

4.3.5 数据预处理——数据转换

```python
    # 对每一列数据应用处理函数
    laptops_new['最低价'] = laptops_new['最低价'].apply(process_wan)
    laptops_new['最高价'] = laptops_new['最高价'].apply(process_wan)
    laptops_new.drop(columns='价格', inplace=True)
    # 定义 Min-Max 标准化函数
    def min_max_scaling(value, min_value, max_value):
        return (value - min_value) / (max_value - min_value)
    # 2 评分标准化
    min_rating = laptops_new['评分'].min()
    max_rating = laptops_new['评分'].max()
    # 使用 Min-Max 标准化函数对评分进行标准化
    laptops_new.loc[:,'评分_normalized'] = laptops_new['评分'].apply(lambda x: min_max_scaling(x, min_rating, max_rating))
    return laptops_new
```

5) 设置程序入口。

```python
if __name__ == "__main__":
    main()
```

4.3.6 任务实现

```python
#数据采集部分
import requests
from bs4 import BeautifulSoup

new_list = [['计算机型号','价格','配置','评分']]
headers = {
    'User-Agent': 'Mozilla/5.0 (Windows NT 10.0; Win64; x64; rv:68.0) Gecko/20100101 Firefox/68.0'
}
for num in range(1,5):
    complete_url = 'https://detail.zol.com.cn/notebook_index/subcate16_0_list_1_0_99_2_0_'+str(num)+'.html'
    # print(complete_url)
    req = requests.get(complete_url, headers=headers)
    req.encoding = 'GBK'
    soup = BeautifulSoup(req.text, features='html.parser')
    a = []
    b = []
    c = []
    d = []
    laptop_names = soup.select('#J_PicMode > li > h3 > span > a')
    prices = soup.select('#J_PicMode > li > div.price-row > span.price.price-normal > b.price-type')
```

```
        configs = soup.select('#J_PicMode > li > h3 > a')
        scores = soup.select('#J_PicMode > li > div.comment-row > span.score')
        for laptop_name in laptop_names:
            a.append(laptop_name.string)
        for price in prices:
            b.append(price.string)
        for config in configs:
            c.append(config.string)
        for score in scores:
            d.append(score.string)
        for h in zip(a,b,c,d):
            h_list = list(h)
            new_list.append(h_list)
        # print(new_list)
        import pandas as pd
        dataframe = pd.DataFrame(new_list)
        dataframe.to_excel('D:\zgc_pages.xlsx')


#数据预处理部分
import re
import pandas as pd
from scipy.stats import zscore
from tabulate import tabulate
def main():
    #1 数据读取
    laptops = pd.read_excel('zgc_pages.xlsx', skiprows=1,
                    usecols=lambda x: x not in [0])
    laptop = pd.read_excel('zgc_new.xlsx')
    #2 数据集成
    lap_con = pd.concat([laptop, laptops], axis=0)
    #3 探索清洗数据
    laptops_new=check_data(lap_con)
    #4 数据转换
    result=transform_data(laptops_new)
    print(tabulate(result, headers='keys', tablefmt='pretty'))

def check_data(laptops):
    # 1 探索数据
    # 查看前几行数据
    print(laptops.head())
    # 查看列名
```

```python
    laptops_colmuns = laptops.columns
    print(laptops.info())
    # 2 数据清洗
    # 2.1 清洗缺失值
    # 2.1.1 判断缺失值位置
    print(laptops['评分'].isnull())
    # 2.1.2 删除缺失值
    laptops.drop(index=laptops[laptops['评分'].isnull()].index, inplace=True)
    laptops.drop(index=laptops[laptops['配置'].isnull()].index, inplace=True)
    # 2.2 清洗重复值
    # 2.2.1 判断重复值位置
    print(laptops.duplicated())
    # 2.2.2 删除重复值
    print(laptops.drop_duplicates(inplace=True))
    # 2.3 清洗异常值
    # 2.3.1 判断异常值计算 z 分数,判断是否超过阈值
    z_scores = zscore(laptops['评分'])
    valid_rating_condition = (z_scores > -3) & (z_scores < 3)
    # 2.3.2 处理异常值
    laptops_new = laptops[valid_rating_condition]
    return laptops_new

def transform_data(laptops_new):
    # 是否允许链式索引
    pd.set_option('mode.chained_assignment', None)
    # 1 价格拆分
    # 将价格转换为最低价格和最高价格
    # 以 "-" 分割
    split_values = laptops_new['价格'].str.split('-', expand=True)
    laptops_new[['最低价', '最高价']] = split_values
    # 定义一个函数,用于处理包含 "万" 字的数值列
    def process_wan(value):
        try:
            if re.search(r'万', value):
                return float(re.sub(r'万', '', value)) * 10000
            else:
                return float(value)
        except (ValueError, TypeError):
            return 0
    # 对每一列数据应用处理函数
    laptops_new['最低价'] = laptops_new['最低价'].apply(process_wan)
    laptops_new['最高价'] = laptops_new['最高价'].apply(process_wan)
```

```
        laptops_new.drop(columns='价格',inplace=True)
        # 定义 Min-Max 标准化函数
        def min_max_scaling(value, min_value, max_value):
            return (value - min_value) / (max_value - min_value)
        # 2 评分标准化
        min_rating = laptops_new['评分'].min()
        max_rating = laptops_new['评分'].max()
        # 使用 Min-Max 标准化函数对评分进行标准化
        laptops_new.loc[:,'评分_normalized'] = laptops_new['评分'].apply(lambda x: min_max_scaling
(x, min_rating, max_rating))
        return laptops_new

    if __name__ == "__main__":
        main()
```

4.4 子任务 2：业务网站 B 静态数据采集

本任务通过谷歌浏览器综合分析业务网站 B 的网页结构和内容。分析网页结构之后，使用 requests 库编写自定义的爬虫代码解析和获取指定网站的电影信息，获取字段为电影名（moviename）、导演名（directorname）、年份（movieyear）、国家（movienation），电影类型（movietype）的静态数据。最后，使用 pymysql 库在 MySQL 数据库管理系统中创建指定的数据库 test 和数据表 movie_douban，实现数据的持久化存储。

4.4.1 页面分析

【实例 4-5】分析页面数据，定位目标数据内容。

1) 使用谷歌浏览器浏览 https://movie.douban.com/top250，可以了解到本次爬取的网页为静态网页，如图 4-10 所示。

图 4-10　业务网站 B 主页

2) 打开浏览器的开发者工具，在 Elements 选项卡中浏览获取到的网页源代码，如图 4-11 所示。

3) 在 Elements 选项卡中可以获取电影相关信息。例如电影名、导演名、上映时间等，如图 4-12 所示。

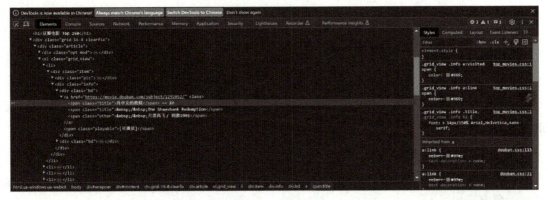

图 4-11　网页源代码

图 4-12　获取电影相关信息

4.4.2　获取静态数据

【实例 4-6】根据页面分析结果编程，获取静态数据。

1）在 PyCharm 中使用 Python 实现获取某一网页的信息。导入 requests、BeautifulSoup、pandas 和 pymysql 等，requests 库用于获取 URL 的页面响应数据，BeautifulSoup 用于从网页中提取数据。

```
import requests
from bs4 import BeautifulSoup
import pandas as pd
import numpy as np
import re
```

2）构建列表，用于临时存储从网页中爬取出来的相关信息。

```
movie_names_lst = []
director_names = []
actor_names = []
```

```
movie_years = [ ]
movie_nations = [ ]
movie_types = [ ]
lst_data_table = [ ]
```

3）编写爬虫代码，请求该 URL 的 Headers 头部信息。在开发者工具的"Network"选项卡下的"Headers"选项卡中得到该 URL 的 Headers 头部信息。

```
headers = {
    'User-Agent':'Mozilla/5.0 (Windows NT 10.0; Win64; x64; rv:68.0) Gecko/20100101 Firefox/68.0'
}
```

4）向服务端发起请求，如果成功，服务端会返回当前页面的所有内容（通常是一个 HTML 文件）。然后手动指定编码集。最后将请求之后的响应传入解析器。

```
req = requests.get(url='https://movie.douban.com/top250', headers=headers)

req.encoding = 'utf-8'
soup = BeautifulSoup(req.text, features="lxml")
```

5）将光标定位到开发者工具的 Elements 选项卡中的<div>标签，可以观察出的电影中文名、电影英文名等，如图 4-13 所示。因此使用 BeautifulSoup 中的 find_all() 方法定位到<div class="hd">，从而缩小查找范围，并将所有符合条件的标签返回的列表数据临时保存在变量 movie_item_hds 中。

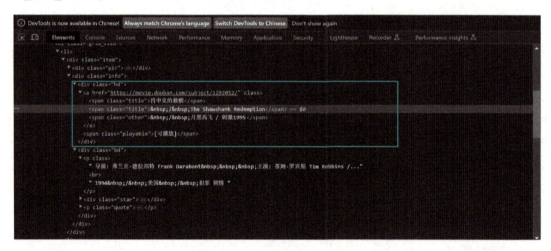

图 4-13　定位 div 标签数据

```
movie_item_hds = soup.find_all('div', class_='hd')
```

6）提取电影名称，利用 for 循环遍历 movie_item_hds 里面的数据，再次使用 find_all() 方法来查找电影名，并将查找到的数据临时保存在变量 movie_names 中。但是，我们可以发现除了电影中文名外,其中还掺杂着多余的空格和电影英文名等,这时要对数据进行清洗,得到规范格式的数据。

```
for movie_item_hd in movie_item_hds:
    movie_names_sub = []
    movie_names = movie_item_hd.find_all('span', class_='title')
    for movie_name in movie_names:
        print(movie_name.text.strip())
        movie_names_sub.append(movie_name.text.strip())
    movie_names_lst.append(movie_names_sub[0])
```

7)先定位到该内容所在的标签,以缩小查找范围,如图 4-14 所示,再利用 find_all()方法定位到<div class="bd">,将返回的列表数据保存在变量 movie_item_bds 中。

图 4-14　定位到标签<div class="bd">的数据

```
movie_item_bds = soup.find_all('div', class_='bd')
```

8)提取评价人数、评分,对 movie_item_bds 进行循环遍历,利用 find_all()对 movie_item_bd 查找评价人数、评分,并保存在 movie_stars 中,再对 movie_stars 进行循环遍历逐一提取想要的数据。

```
for movie_item_bd in movie_item_bds:
    director_name_sub = []
    actor_names_sub = []
    movie_years_sub = []
    movie_nations_sub = []
    movie_types_sub = []
    movie_stars = movie_item_bd.find_all('div', class_='star')
    for movie_star in movie_stars:
        movie_star_spans_comments = movie_star.find_all('span')[3]
        movie_star_spans_score = movie_star.find_all('span')[1]
```

9)提取电影导演、主演等信息,定位到 movie_item_bd 中的<p>标签下标为 0 的数据,得到电影基本信息即导演、主演、类型、国家等,并保存在变量 movie_item_p 中。将 movie_item_p 转换为字符串并删除多余的空格保存在 movie_item_p_string 中。

```
movie_item_p = movie_item_bd.find_all('p')[0]
movie_item_p_string = movie_item_p.text.strip()
```

10）首先打印变量 movie_item_p_string，会发现第一行多了一个"豆瓣"，如图 4-15 所示，需要对数据进行处理。其次使用正则表达式通过"主演："分隔获取指定字符串，提取导演信息，但有些数据由于导演名过长导致主演的信息被覆盖，如图 4-16 所示，所以用"主…"来分隔。最后删除多余空格并把数据临时保存在变量 result 中。

图 4-15 用"主演："分隔的数据

图 4-16 用"主…"分隔的数据

```
if '豆瓣' in movie_item_p_string :
    continue
else:
    result = re.split('主演：|主...', movie_item_p_string.strip())
```

11）将变量 result 中的导演名提取出来并进行整合。

```
director_name_sub.append(result[0].strip().split("导演：")[1])
director_names.append(director_name_sub[0])
```

12）通过"主演："或者"主…"分隔，获取指定字符串并保存在变量 result2 中，用于提取出电影年份、国家等。

```
result2 = re.split('主演：|主...', movie_item_p_string.strip())
```

13）输出 result2 中的内容，如图 4-17 所示。可以观察到电影年份位于第二行第一个字段，使用"\n"分隔，提取出第二行数据，删除多余空格，对剩下的数据进行切片操作保留年份，并赋值给变量 movie_year。最后对年份数据进行整合。

```
汤姆·汉克斯 Tom Hanks / ...
                            1994 / 美国 / 剧情 爱情
莱昂纳多·迪卡普里奥 Leonardo...
                            1997 / 美国 墨西哥 / 剧情 爱情 灾难
让·雷诺 Jean Reno / 娜塔莉·波特曼 ...
                            1994 / 法国 美国 / 剧情 动作 犯罪
柊瑠美 Rumi Hîragi / 入野自由 Miy...
                            2001 / 日本 / 剧情 动画 奇幻
罗伯托·贝尼尼 Roberto Beni...
                            1997 / 意大利 / 剧情 喜剧 爱情 战争
连姆·尼森 Liam Neeson...
                            1993 / 美国 / 剧情 历史 战争
马修·麦康纳 Matthew Mc...
                            2014 / 美国 英国 加拿大 / 剧情 科幻 冒险
```

图 4-17 输出包含"\n"符号的数据

```
movie_year = result2[1].split("\n")[1].strip()[0:4]
movie_years_sub.append(movie_year)
movie_years.append(movie_years_sub[0])
```

14）根据上面提取电影年份的方法，确定国家和电影类型的位置，并提取它们。
提取国家：

```
movie_nation = result2[1].split("\n")[1].strip().split('/')[1].strip()
movie_nations_sub.append(movie_nation)
movie_nations.append(movie_nations_sub[0])
```

提取电影类型：

```
movie_type = result2[1].split("\n")[1].strip().split('/')[2].strip()
movie_types_sub.append(movie_type)
movie_types.append(movie_types_sub[0])
```

15）整合前面各个字段，并将其转换成 DataFrame 结构。

```
for a in zip(movie_names_lst, director_names, movie_years, movie_nations, movie_types):
    b = np.array(a)
```

```
        c = np.ndarray.flatten(b)
        c_lst = list(c)
        lst_data_table.append(c_lst)
```

16)测试。

```
        print(len(lst_data_table))
        for t in lst_data_table:
            print(t)
```

测试结果如图 4-18 所示。

图 4-18 测试结果

4.4.3　数据持久化保存

【**实例 4-7**】将采集到的数据保存到 MySQL 中。

1)导入 pymysql 库,用于连接 MySQL。

```
import pymysql
```

2)提前在 MySQL 中创建好 test 数据库,在 test 数据库中创建数据表 movie_douban,该表包含 moviename(电影名)、directorname(导演名)、movieyear(年份)、movienation(国家)和 movietype(电影类型)字段,通过 for 循环向表中插入数据。

```
db = pymysql.connect(host='localhost', user='root', password='123456', port=3306)
cursor = db.cursor()
cursor.execute("use test")
cursor.execute("DROP TABLE IF EXISTS movie_douban")
sql1 = """CREATE TABLE 'movie_douban'(
            'moviename' char(30) NOT NULL,
            'directorname' char(50) NOT NULL,
            'movieyear' year(4) NOT NULL,
```

```
            'movienation' char(50) NOT NULL,
            'movietype' char(30) NOT NULL,
            PRIMARY KEY ('moviename')
        ) ENGINE=InnoDB DEFAULT CHARSET=utf8mb4;"""
cursor.execute(sql1)
print("Created table Successfully.")
for num in range(0, len(lst_data_table)):
    sql = " INSERT INTO movie_douban (moviename, directorname, movieyear, movienation, movietype)" \
          " VALUES (%s,%s,%s,%s,%s)"
    try:
        cursor.execute(sql, (
            movie_names_lst[num], director_names[num], movie_years[num], movie_nations[num], movie_types[num]))
        db.commit()
    except:
        db.rollback()
db.close()
```

4.4.4 数据预处理

【**实例 4-8**】此例将在 4.4.3 节的基础上,对保存的数据进行数据预处理操作,实现数据的清洗、转换和规约。

1) 导入指定的库。

```
import pandas as pd
```

2) 自定义方法 main(),作为调用其他数据预处理自定义方法的入口。

```
def main():
    #1 数据读取
    column_names = ['电影名', '导演名', '年份', '国家', '电影类型']
    movies_data = pd.read_csv('豆瓣电影写入.csv', header=None, names=column_names)
    #2 探索清洗数据
    movies_data.info()
    movies_data.dropna(inplace=True)
    #3 转换数据
    data_new = transform_data(movies_data)
    #4 规约数据
    # 按年份和国家分组并计算每年每个国家的电影数量
    pivot_table = pd.pivot_table(data_new, values='电影名', index='年代', columns='国家', aggfunc='count', fill_value=0)
    print(pivot_table)
```

3) 自定义 transform_data(movies_data)方法,用于数据转换操作。

```python
# 1 处理年份数据
# 1.1 数据类型转换(这里假设年份列为字符串类型,需要转换为整数类型)
movies_data['年份'] = pd.to_numeric(movies_data['年份'], errors='coerce')
# 1.2 筛选年份在 1990—2020 年之间的电影
filtered_movies = movies_data[(movies_data['年份'] >= 1990) & (movies_data['年份'] < 2020)]
# 1.3 创建新列表示年代
def categorize_decade(year):
    if year < 2000:
        return '90 年代'
    elif year < 2010:
        return '00 年代'
    else:
        return '10 年代'
filtered_movies['年代'] = filtered_movies['年份'].apply(categorize_decade)
# 2 处理国家数据
nationalities_split = filtered_movies['国家'].str.split(' ', expand=True)
filtered_movies['国家'] = nationalities_split[0]
# 3 处理类型数据,即独热编码
# 3.1 将电影类型列拆分为多个二进制列
types_dummies = filtered_movies['电影类型'].str.get_dummies(' ')
# 3.2 将二进制列合并到原数据框
movies_data = pd.concat([filtered_movies, types_dummies], axis=1)
return filtered_movies
```

4) 设置程序入口。

```python
if __name__ == "__main__":
    main()
```

4.4.5 任务实现

```python
#数据采集部分
import requests
from bs4 import BeautifulSoup
import pandas as pd
import numpy as np
import re
import pymysql
movie_names_lst = []
director_names = []
actor_names = []
movie_years = []
movie_nations = []
movie_types = []
```

```python
lst_data_table = []
headers = {
    'User-Agent': 'Mozilla/5.0 (Windows NT 10.0; Win64; x64; rv:68.0) Gecko/20100101 Firefox/68.0'
}
req = requests.get(url='https://movie.douban.com/top250', headers=headers)
req.encoding = 'utf-8'

soup = BeautifulSoup(req.text, features="lxml")
movie_item_hds = soup.find_all('div', class_='hd')
for movie_item_hd in movie_item_hds:
    movie_names_sub = []
    movie_names = movie_item_hd.find_all('span', class_='title')
    for movie_name in movie_names:
        movie_names_sub.append(movie_name.text.strip())
    movie_names_lst.append(movie_names_sub[0])

movie_item_bds = soup.find_all('div', class_='bd')
for movie_item_bd in movie_item_bds:
    director_name_sub = []
    actor_names_sub = []
    movie_years_sub = []
    movie_nations_sub = []
    movie_types_sub = []
    movie_stars = movie_item_bd.find_all('div', class_='star')
    for movie_star in movie_stars:
        movie_star_spans_comments = movie_star.find_all('span')[3]
        movie_star_spans_score = movie_star.find_all('span')[1]
    movie_item_p = movie_item_bd.find_all('p')[0]
    movie_item_p_string = movie_item_p.text.strip()
    if '豆瓣' in movie_item_p_string:
        continue
    else:
        result = re.split('主演:|主...', movie_item_p_string.strip())
        director_names.append(director_name_sub[0])
        result2 = re.split('主演:|主...', movie_item_p_string.strip())
        movie_year = result2[1].split("\n")[1].strip()[0:4]
        movie_years_sub.append(movie_year)
        movie_years.append(movie_years_sub[0])
        movie_nation = result2[1].split("\n")[1].strip().split('/')[1].strip()
        movie_nations_sub.append(movie_nation)
        movie_nations.append(movie_nations_sub[0])
```

```python
            movie_type = result2[1].split("\n")[1].strip().split('/')[2].
            strip()
            movie_types_sub.append(movie_type)
            movie_types.append(movie_types_sub[0])


    for a in zip(movie_names_lst, director_names, movie_years, movie_nations, movie_types):
        b = np.array(a)
        c = np.ndarray.flatten(b)
        c_lst = list(c)
        lst_data_table.append(c_lst)


db = pymysql.connect(host='localhost', user='root', password='123456', port=3306)
cursor = db.cursor()
cursor.execute("use test")
cursor.execute("DROP TABLE IF EXISTS movie_douban")
sql1 = """CREATE TABLE 'movie_douban'(
            'moviename' char(30) NOT NULL,
            'directorname' char(50) NOT NULL,
            'movieyear' year(4) NOT NULL,
            'movienation' char(50) NOT NULL,
            'movietype' char(30) NOT NULL,
            PRIMARY KEY ('moviename')
           ) ENGINE=InnoDB DEFAULT CHARSET=utf8mb4;"""
cursor.execute(sql1)
print("Created table Successfully.")
for num in range(0, len(lst_data_table)):
    sql = " INSERT INTO movie_douban (moviename, directorname, movieyear, movienation, movietype)" \
          " VALUES (%s, %s, %s, %s, %s)"
    try:
        cursor.execute(sql, (
            movie_names_lst[num], director_names[num], movie_years[num], movie_nations[num],
            movie_types[num]))
        db.commit()
    except:
        db.rollback()
db.close()
    print(len(lst_data_table))
for t in lst_data_table:
    print(t)


    #数据预处理部分
import pandas as pd
```

```python
def main():
    #1 数据读取
    column_names = ['电影名', '导演名', '年份', '国家', '电影类型']
    movies_data = pd.read_csv('豆瓣电影写入.csv', header=None, names=column_names)
    #2 探索清洗数据
    movies_data.info()
    movies_data.dropna(inplace=True)
    #3 转换数据
    data_new = transform_data(movies_data)
    #4 规约数据
    # 按年份和国家分组并计算每年每个国家的电影数量
    pivot_table = pd.pivot_table(data_new, values='电影名', index='年代', columns='国家', aggfunc='count', fill_value=0)
    print(pivot_table)


def transform_data(movies_data):
    # 1 处理年份数据
    # 1.1 数据类型转换(这里假设年份列为字符串类型,需要转换为整数类型)
    movies_data['年份'] = pd.to_numeric(movies_data['年份'], errors='coerce')
    # 1.2 筛选年份在1990—2020年之间的电影
    filtered_movies = movies_data[(movies_data['年份'] >= 1990) & (movies_data['年份'] < 2020)]
    # 1.3 创建新列表示年代
    def categorize_decade(year):
        if year < 2000:
            return '90年代'
        elif year < 2010:
            return '00年代'
        else:
            return '10年代'
    filtered_movies['年代'] = filtered_movies['年份'].apply(categorize_decade)
    # 2 处理国家数据
    nationalities_split = filtered_movies['国家'].str.split(' ', expand=True)
    filtered_movies['国家'] = nationalities_split[0]
    # 3 处理类型数据,即独热编码
    # 3.1 将电影类型列拆分为多个二进制列
    types_dummies = filtered_movies['电影类型'].str.get_dummies(' ')
    # 3.2 将二进制列合并到原数据框
    movies_data = pd.concat([filtered_movies, types_dummies], axis=1)
    return filtered_movies

if __name__ == "__main__":
    main()
```

4.5 子任务 3：业务网站 C 动态数据采集

通过谷歌浏览器的开发者工具分析业务网站 C 页面数据的各项内容，通过获得 AJAX 请求的 URL，运用爬虫程序向 AJAX 请求动态数据，最后将采集到的动态数据过滤后保存到 MySQL 数据库中。

4.5.1 页面分析

【实例 4-9】分析页面数据，定位目标数据内容。

1）打开谷歌浏览器的开发者工具，并打开"Network"选项卡，然后单击工具栏中的"Fetch/XHR"标签进行筛选。该网站首次加载时产生的 AJAX 请求如图 4-19 所示。

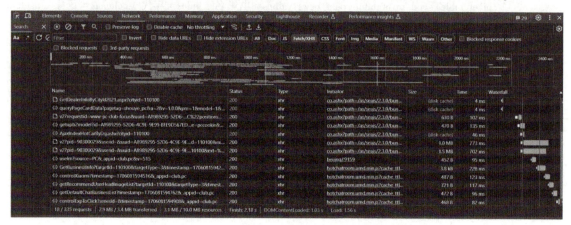

图 4-19　首次加载时产生的 AJAX 请求

2）向下拖动来浏览页面，可以发现，该页面在没有全页面刷新的情况下，实现了局部刷新。此时可以看到，XHR 中又多了一些 AJAX 条目，如图 4-20 所示。

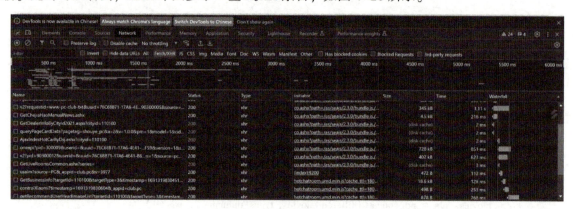

图 4-20　动态数据变化

3）选择其中一条 AJAX 条目，并选择"Headers"选项卡，如图 4-21 所示，可以看见这个 AJAX 请求的 URL 地址是 https://www.autohome.com.cn/ashx/AjaxIndexHotCarByDsj.ashx?cityid=110100。其中 cityid 参数为 110100。

4）切换该网站的城市位置，如图 4-22 所示。

图4-21 查看动态数据"Headers"内容

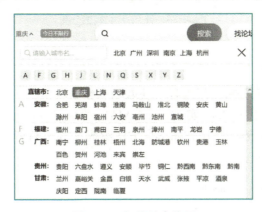

图4-22 切换城市位置

5)切换了城市之后,可以发现XHR中又出现了AJAX条目,并且和上一个城市的AJAX条目有共同之处。参数cityid发生了改变,变为了500100,https://www.autohome.com.cn/ashx/AjaxIndexHotCarByDsj.ashx?cityid=500100。

由此可以分析得出,此处的cityid参数指代不同的城市编码。网站根据不同的cityid值返回不同城市的汽车信息,如图4-23所示。

图4-23 cityid参数分析

6)选择"Preview"选项卡,可以预览这个AJAX请求的数据。这里是以JSON格式显示的一个字典列表。一个字典列表中包含了多个字典集合,以表示不同的车型,其中,Name字段表示车型；每个字典集合又包含不同的汽车品牌系列，其中以 Name 字段和 Id 字段表示品牌系列的名称和 Id。因此，某个车型或车型的具体品牌系列名称和 ID 可以利用循环语句遍历得出，如图 4-24 所示。

图 4-24　热门车型数据分析

4.5.2　获取动态数据

【实例 4-10】根据页面分析结果编程，获取动态数据内容。

1）在 PyCharm 中使用 Python 实现对该 AJAX 的模拟。导入 urlencode 和 requests，前者表示使用 urlencode 方法编码 URL，后者表示使用 requests 对象来发送请求，并返回响应的数据。

```
from urllib.parse import urlencode
import requests
```

2）找到需要模拟的 AJAX 请求的 URL，并将其复制给变量 original_url。

```
original_url = 'https://www.autohome.com.cn/ashx/AjaxIndexHotCarByDsj.ashx?'
```

3）根据该 AJAX 条目的 Request Headers，设置符合该 AJAX 的请求基本信息。

```
requests_headers = {
    'Referer': 'https://www.autohome.com.cn/beijing/',
    'User-Agent': 'Mozilla/5.0 (Windows NT 6.1; Win64; x64) AppleWebKit/537.36 (KHTML, like Gecko) '
                  'Chrome/57.0.2987.133 Safari/537.36',
    'X-Requested-With': 'XMLHttpRequest',
}
```

4）自定义一个函数 get_one(cityid)，将形参设置为 cityid，表示将接收一个代表城市编码的参数，并将该参数传入字典 p 中。使用 urlencode() 方法将字典 p 的值添加到 original_url 中，得到完整的 URL 请求。在 try…except…语句中使用 requests 的 get() 方法获得上面的 URL，并通过设定判断条件，将得到的 response 响应数据格式化为 JSON 的格式。

```
def get_one(cityid):
    p = {
        'cityid': cityid
```

```
            }
        complete_url = original_url + urlencode(p)

        try:
            response = requests.get(url=complete_url, params=requests_headers)
            if response.status_code == 200:
                return  response.json()
        except requests.ConnectionError as e:
            print('Error', e.args)
```

5）自定义一个函数 parse(json)，将形参设置为 json，表示这里接收的数据格式为 JSON。通过前面的分析得出，这个 AJAX 返回的数据是一个字典列表，因此，通过设置判断条件，使用 json[0].get('name') 会获得第一个字典集合中的车型名称。

```
def parse(json):
    if json:
        item=json[0].get('Name')
        Print(item)
```

6）编写运行程序入口，将参数设置成 110100，即表示北京。

```
if __name__=='__main__':
    jo=get_one(110100)
    parse(jo)
```

运行结果如下：

```
微型车
```

4.5.3 数据持久化保存

【实例 4-11】在前面的基础上用 AJAX 采集单个汽车品牌系列的名称，以及单个汽车品牌系列的 ID，并将其采集到的数据保存到 MySQL 数据库中。

1）导入 pymysql 库，用于连接 MySQL。

```
import pymysql
```

2）通过 pymysql 与建立 MySQL 连接，创建 AJAX 数据库和 ajax 数据表。设置数据表字段为 car_name 和 id，id 为主键。通过 for 循环实现向表插入数据。

```
db = pymysql.connect(host='localhost', user='root',
password='123456', port=3306)
cursor = db.cursor()
cursor.execute("CREATE DATABASE AJAX DEFAULT CHARACTER SET utf8mb4")
db.close()
```

```
db2 = pymysql.connect(host='localhost', user='root', password='123456', database='AJAX', port=3306)
cursor2 = db2.cursor()
cursor2.execute("DROP TABLE IF EXISTS ajax")
sql1 = """CREATE TABLE 'ajax'(
            'car_name' char(20) NOT NULL,
            'id' int(10) NOT NULL AUTO_INCREMENT,
            PRIMARY KEY ('id')
        ) ENGINE=InnoDB DEFAULT CHARSET=utf8mb4;"""
cursor2.execute(sql1)
print("Created table Successfully.")
```

3）自定义一个函数 parse_three(json)，参数也是 json。使用 for 循环遍历 json 得到单个字典集合 i。然后使用 for 循环遍历 i.get('SeriesList')，得到单个字典集合中键为"SeriesList"的值 b，该值也是一个字典集合，表示不同的品牌系列。然后通过 b.get('Name') 和 b.get('Id') 获得每个字典的 item_list 值和 item_list2 值。item_list 是单个汽车品牌系列名称，item_list2 是单个汽车品牌系列的 id。这样，就获得了该城市所有车型的汽车品牌系列名称和 id。最后通过 for 循环实现向表中插入数据。

```
def parse_three(json):
    if json:
        for i in json:
            for b in i.get('SeriesList'):
                item_list = b.get('Name')
                item_list2 = b.get('Id')
                print('各城市数据采集和数据展示:'+'=========='+ item_list+';'+ '====
========'+str(item_list2)+'============')
                sql2 = 'INSERT INTO ajax(car_name, id) VALUES(%s,%s)'
                try:
                    cursor2.execute(sql2, (item_list, item_list2))
                    db2.commit()
                except:
                    db2.rollback()
```

4）编写运行入口程序。

```
if __name__ == '__main__':
    city_list = [{'北京': '110100'}, {'重庆': '500100'}]
    for city in city_list:
        jo = get_one(city.values())
        parse_three(jo)
    db2.close()
```

运行结果如图 4-25 所示。

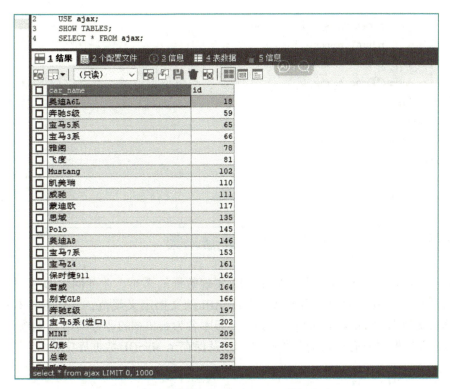

图 4-25 将数据保存到 MySQL 数据库中

4.5.4 任务实现

任务的完整代码如下：

```
from urllib.parse import urlencode
import requests
original_url ='https://www.autohome.com.cn/ashx/AjaxIndexHotCarByDsj.ashx?'
requests_headers = {
    'Referer': 'https://www.autohome.com.cn/beijing/',
    'User-Agent': 'Mozilla/5.0 (Windows NT 6.1; Win64; x64) AppleWebKit/537.36 (KHTML, like Gecko) '
                  'Chrome/57.0.2987.133 Safari/537.36',
    'X-Requested-With': 'XMLHttpRequest',
}
def get_one(cityid):
    p = {
        'cityid': cityid
    }
    complete_url = original_url + urlencode(p)

    try:
        response = requests.get(url=complete_url, params=requests_headers)
```

```
            if response. status_code = = 200:
                return    response. json( )
        except requests. ConnectionError as e:
            print('Error', e. args)
def parse( json):
    if json:
        item = json[0]. get('Name')
if __name__ = = '__main__':
    jo = get_one( 110100)
    parse( jo)
```

4.6 子任务 4：业务网站 D 静态数据采集

本任务将使用业务网站 D 提供的 Web API 实现数据的采集。业务网站 D 提供了丰富的开放 Web API 供广大开发者使用。通过这些 Web API 的文档定义规范，本任务将有针对性地使用爬虫工具采集数据"repositories?q=spider"，即库名为 spider 的业务网站 D 的项目基本信息，并使用 sorted 方法根据所有项目的分数排名，以及保存至 MySQL 数据库中。

4.6.1 业务网站 D 概述

作为一个知名的开源分布式版本控制系统，业务网站 D 能够快速、高效地处理各种规模项目的版本控制和管理。起初，业务网站 D 只是用于管理基于 Linux 内核开发的项目，但随着开源软件不断增多，越来越多的应用程序都将自己的项目迁移到业务网站 D 上，目前业务网站 D 拥有超过数百万开发者用户。现在，业务网站 D 不仅提供项目的版本控制，还支持开发者共享已有代码。业务网站 D 首页如图 4-26 所示。

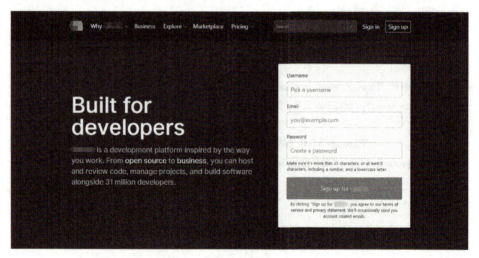

图 4-26　业务网站 D 首页

4.6.2 业务网站 D 的基本用法

在登录业务网站 D 之后，可以通过搜索控件来搜索特定关键字相关信息，包括作者姓名、项目名称以及基于特定语言的项目等，可以单击"Start a project"建立一个自己的项目库，也可以在"Issues"中查看之前已有项目的各种通知，还可以在"Explore"中查找感兴趣的项目信息，以及在"Marketplace"中搜索需要的项目工具和资源，如图4-27所示。

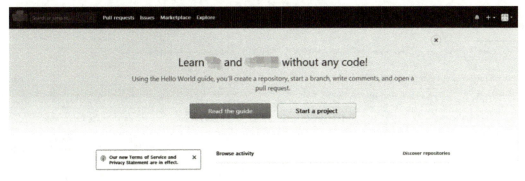

图 4-27　业务网站 D 用户首页

这里将建立一个项目库，并在业务网站 D 的 Web API 中查询它。

1）单击"Start a project"建立一个项目库，选择"Owner"作为项目的拥有者，并在"Repository name"中添加一个项目名称。同时，还可以给项目附加一些额外信息，将其添入"Description(optional)"中。然后选择"Public"或者"Private"，它们分别表示任何人都能够看见和使用此库，只有指定的人群可以看见和使用此库。最后根据是创建一个全新的库，还是导入之前已有的库，决定是否勾选"Initialize this repository with a README"。单击"Create repository"创建该库，如图4-28所示。

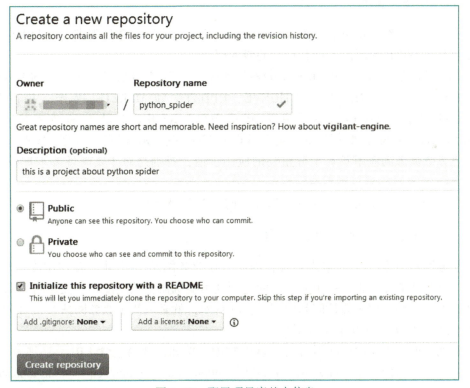

图 4-28　配置项目库基本信息

2）成功创建该项目库之后，就可以对该项目库进行维护管理了。通过"Create new file"创建新文件。通过"Upload files"上传文件。通过"Find file"查找文件。通过"Clone or download"复制或下载文件等。项目库维护管理页面如图4-29所示。

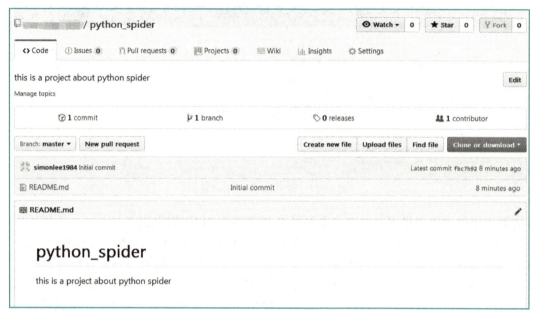

图 4-29　项目库维护管理页面

4.6.3　Web API 概述

作为网站的主要组成部分，Web API 可以满足用户对特定信息的需求。Web API 最主要的功能是构建基于 HTTP 的面向各种客户端的服务框架。

Web API 通过基于 HTTP REQUEST 的各种动作，如 GET、POST、PUT 和 DELETE 实现客户端向服务器请求 CREATE、RETRIEVE、UPDATE 和 DELETE 操作，并使用 HTTP RESPONSE 的 Http Status Code 从服务器获得 HTTP REQUEST 的处理结果状态。另外，REQUEST 和 RESPONSE 的数据格式是易于处理的 JSON 或 XML 格式。因此，Web API 对于高度依赖第三方数据源的应用具有十分重要的应用价值，特别是对于实时性要求比较高的应用程序。

接下来将介绍如何使用 Web API 获取业务网站 D 的特定信息。

4.6.4　业务网站 D 开放 API 的数据特点

由于业务网站 D 是一个分布式系统，因此，在业务网站 D 中并不存在主库这样的概念，开发者通过复制功能即可将每一个完整的库复制到本地机器中独立使用，任何两个库之间的不一致之处都可以合并。那么要访问和使用这些项目库，就必须使用业务网站 D 的开放 API。下面是业务网站 D 的 Web API 清单（见图4-30）。

可以看到，Web API 中的映射含有丰富的数据。例如，映射包含 URL，还涉及为 URL 提供参数的方式。在示例" repository_search_url " : " https://api.github.com/search/repositories?q={query}{&page,per_page,sort,order}"中，repository_search_url 键对应的 URL 用于在业务网站

```
{
  "current_user_url": "https://api.github.com/user",
  "current_user_authorizations_html_url": "https://github.com/settings/connections/applications{/client_id}",
  "authorizations_url": "https://api.github.com/authorizations",
  "code_search_url": "https://api.github.com/search/code?q={query}{&page,per_page,sort,order}",
  "commit_search_url": "https://api.github.com/search/commits?q={query}{&page,per_page,sort,order}",
  "emails_url": "https://api.github.com/user/emails",
  "emojis_url": "https://api.github.com/emojis",
  "events_url": "https://api.github.com/events",
  "feeds_url": "https://api.github.com/feeds",
  "followers_url": "https://api.github.com/user/followers",
  "following_url": "https://api.github.com/user/following{/target}",
  "gists_url": "https://api.github.com/gists{/gist_id}",
  "hub_url": "https://api.github.com/hub",
  "issue_search_url": "https://api.github.com/search/issues?q={query}{&page,per_page,sort,order}",
  "issues_url": "https://api.github.com/issues",
  "keys_url": "https://api.github.com/user/keys",
  "notifications_url": "https://api.github.com/notifications",
  "organization_repositories_url": "https://api.github.com/orgs/{org}/repos{?type,page,per_page,sort}",
  "organization_url": "https://api.github.com/orgs/{org}",
  "public_gists_url": "https://api.github.com/gists/public",
  "rate_limit_url": "https://api.github.com/rate_limit",
  "repository_url": "https://api.github.com/repos/{owner}/{repo}",
  "repository_search_url": "https://api.github.com/search/repositories?q={query}{&page,per_page,sort,order}",
  "current_user_repositories_url": "https://api.github.com/user/repos{?type,page,per_page,sort}",
  "starred_url": "https://api.github.com/user/starred{/owner}{/repo}",
  "starred_gists_url": "https://api.github.com/gists/starred",
  "team_url": "https://api.github.com/teams",
  "user_url": "https://api.github.com/users/{user}",
  "user_organizations_url": "https://api.github.com/user/orgs",
  "user_repositories_url": "https://api.github.com/users/{user}/repos{?type,page,per_page,sort}",
  "user_search_url": "https://api.github.com/search/users?q={query}{&page,per_page,sort,order}"
}
```

图 4-30　业务网站 D 的 Web API 清单

D 中搜索代码库，该示例还指明了如何构建传给 URL 的参数。其中，q 表示需要查询的库名称关键字；page 表示限制查询结果显示的总页数；per_page 表示限制每页显示查询到的数据个数；sort 表示根据一定的筛选方式显示；order 表示按照一定的排序方式显示。参数之间使用 & 分隔。

这个 Web API 返回的数据是 JSON（JavaScript Object Notation，JavaScript 对象表示法）格式的。JSON 是一种"轻量级数据交换格式"。JSON 正在快速成为 Web 服务的事实标准。JSON 之所以如此流行，有以下两个原因：一是 JSON 易于阅读，与 XML 等序列化格式相比，JSON 很好地平衡了人类可读性；二是只需小幅修改，JSON 就能在 JavaScript 中使用。在前端（客户端）和服务器端能同样良好使用的数据格式一定会胜出。在当今的 Web 程序设计中，不论后台服务器代码使用何种语言，前端使用 JavaScript 传递 JSON 数据都可以实现前端和后台服务器代码之间数据交互的通用模型。因此，JSON 在 Web 前端和后台服务器的数据交互中占据了主导地位。

这里使用业务网站 D 开放 API 中的 https://api.github.com/search/repositories?q=spider&per_page=2&sort=score&order=desc 表示从业务网站 D 的 repositories 里面查询 q=spider，即库名关键字是 spider。显示结果根据 sort=score 和 order=desc，即按照符合条件的库的得分以降序的方式显示。显示方式根据 per_page=2，即每个页面只显示两个查询结果。业务网站 D API 查询结果如图 4-31 所示。

从查询结果可以看到，两个查询结果都是以 JSON 数据格式返回的，并且都具有键以及值。例如，第一个查询结果的键"id"是 52476585，第二个查询结果的键"id"是 74628476。这样可以极大地方便数据的统一管理和查询检索。

```
{
    "id": 52476585,
    "node_id": "MDEwOlJlcG9zaXRvcnklMjQ3NjU4NQ==",
    "name": "Spider",
    "full_name": "buckyroberts/Spider",
    "private": false,
    "owner": {
        "login": "buckyroberts",
        "id": 8547538,
        "node_id": "MDQ6VXNlcjg1NDc1Mzg=",
        "avatar_url": "https://avatars3.githubusercontent.com/u/8547538?v=4",
        "gravatar_id": "",
        "url": "https://api.github.com/users/buckyroberts",
        "html_url": "https://github.com/buckyroberts",
        "followers_url": "https://api.github.com/users/buckyroberts/followers",
        "following_url": "https://api.github.com/users/buckyroberts/following{/other_user}",
        "gists_url": "https://api.github.com/users/buckyroberts/gists{/gist_id}",
        "starred_url": "https://api.github.com/users/buckyroberts/starred{/owner}{/repo}",
        "subscriptions_url": "https://api.github.com/users/buckyroberts/subscriptions",
        "organizations_url": "https://api.github.com/users/buckyroberts/orgs",
        "repos_url": "https://api.github.com/users/buckyroberts/repos",
        "events_url": "https://api.github.com/users/buckyroberts/events{/privacy}",
        "received_events_url": "https://api.github.com/users/buckyroberts/received_events",
        "type": "User",
        "site_admin": false
    },
```

a)

```
{
    "id": 74628476,
    "node_id": "MDEwOlJlcG9zaXRvcnk3NDYyODQ3Ng==",
    "name": "spider",
    "full_name": "gsh199449/spider",
    "private": false,
    "owner": {
        "login": "gsh199449",
        "id": 3295342,
        "node_id": "MDQ6VXNlcjMyOTUzNDI=",
        "avatar_url": "https://avatars3.githubusercontent.com/u/3295342?v=4",
        "gravatar_id": "",
        "url": "https://api.github.com/users/gsh199449",
        "html_url": "https://github.com/gsh199449",
        "followers_url": "https://api.github.com/users/gsh199449/followers",
        "following_url": "https://api.github.com/users/gsh199449/following{/other_user}",
        "gists_url": "https://api.github.com/users/gsh199449/gists{/gist_id}",
        "starred_url": "https://api.github.com/users/gsh199449/starred{/owner}{/repo}",
        "subscriptions_url": "https://api.github.com/users/gsh199449/subscriptions",
        "organizations_url": "https://api.github.com/users/gsh199449/orgs",
        "repos_url": "https://api.github.com/users/gsh199449/repos",
        "events_url": "https://api.github.com/users/gsh199449/events{/privacy}",
        "received_events_url": "https://api.github.com/users/gsh199449/received_events",
        "type": "User",
        "site_admin": false
    },
```

b)

图 4-31 业务网站 D API 查询结果

a) 第一个查询结果的部分信息 b) 第二个查询结果的部分信息

4.6.5 业务网站 D 的 API 请求数据

1. 业务网站 D 的 API 结构分析

下面使用业务网站 D 的 Web API 来实现对数据的请求。首先，分析下面这个 Web API 的结构：https://api.github.com/users/{user}/repos{?type,page,per_page,sort}。

- https 表示使用的网络协议是超文本传输安全（HTTPS）协议。
- api.github.com 表示网站的域名，经过域名服务器解析之后便可得到服务器的 IP 地址。
- /users/{user}/repos 表示该服务器文件系统中的文件夹或文件的虚拟路径。这里的 {user} 表示需要设置的用户名。
- {?type,page,per_page,sort} 表示问号后面可以使用的键。type 表示要查找的文件类型或项目类型。page 表示限制查询结果显示的总页数。per_page 表示限制每页显示查询到的数据个数。sort 表示根据一定的筛选方式显示。以上参数的目的是向服务器请求特定的信息。

2. 业务网站 D 的 API 请求实例

按上面的分析，https://api.github.com/users/simonlee1984/repos?type=python&per_page=2 这个 Web API 的作用是使用超文本传输安全协议向名为 api.github.com 的服务器中的文件夹路径为/users/simonlee1984/repos?type=python&per_page=2 中的用户名为 simonlee1984 的用户请求项目库数据中与 Python 相关的内容，并且以每页两个项目的形式显示。

这个 Web API 在浏览器中输出的结果如图 4-32 所示。

```
"id": 158943967,
"node_id": "MDEwOlJlcG9zaXRvcnkxNTg5NDM5Njc=",
"name": "python_crawler",
"full_name": "simonlee1984/python_crawler",
"private": false,
"owner": {
  "login": "simonlee1984",
  "id": 31825120,
  "node_id": "MDQ6VXNlcjMxODI1MTIw",
  "avatar_url": "https://avatars1.githubusercontent.com/u/31825120?v=4",
  "gravatar_id": "",
  "url": "https://api.github.com/users/simonlee1984",
  "html_url": "https://github.com/simonlee1984",
  "followers_url": "https://api.github.com/users/simonlee1984/followers",
  "following_url": "https://api.github.com/users/simonlee1984/following{/other_user}",
  "gists_url": "https://api.github.com/users/simonlee1984/gists{/gist_id}",
  "starred_url": "https://api.github.com/users/simonlee1984/starred{/owner}{/repo}",
  "subscriptions_url": "https://api.github.com/users/simonlee1984/subscriptions",
  "organizations_url": "https://api.github.com/users/simonlee1984/orgs",
  "repos_url": "https://api.github.com/users/simonlee1984/repos",
  "events_url": "https://api.github.com/users/simonlee1984/events{/privacy}",
  "received_events_url": "https://api.github.com/users/simonlee1984/received_events",
  "type": "User",
  "site_admin": false
```

a)

```
"id": 158949513,
"node_id": "MDEwOlJlcG9zaXRvcnkxNTg5NDk1MTM=",
"name": "python_spider",
"full_name": "simonlee1984/python_spider",
"private": false,
"owner": {
  "login": "simonlee1984",
  "id": 31825120,
  "node_id": "MDQ6VXNlcjMxODI1MTIw",
  "avatar_url": "https://avatars1.githubusercontent.com/u/31825120?v=4",
  "gravatar_id": "",
  "url": "https://api.github.com/users/simonlee1984",
  "html_url": "https://github.com/simonlee1984",
  "followers_url": "https://api.github.com/users/simonlee1984/followers",
  "following_url": "https://api.github.com/users/simonlee1984/following{/other_user}",
  "gists_url": "https://api.github.com/users/simonlee1984/gists{/gist_id}",
  "starred_url": "https://api.github.com/users/simonlee1984/starred{/owner}{/repo}",
  "subscriptions_url": "https://api.github.com/users/simonlee1984/subscriptions",
  "organizations_url": "https://api.github.com/users/simonlee1984/orgs",
  "repos_url": "https://api.github.com/users/simonlee1984/repos",
  "events_url": "https://api.github.com/users/simonlee1984/events{/privacy}",
  "received_events_url": "https://api.github.com/users/simonlee1984/received_events",
  "type": "User",
  "site_admin": false
```

b)

图 4-32 simonlee1984 的 python 相关项目库
a）simonlee1984 的 python_crawler 项目库 b）simonlee1984 的 python_spider 项目库

可以看出，这个 Web API 返回的数据格式为 JSON。"name"表示每个项目库的名称，全部都是与 Python 相关的项目库。"private"表示该项目库是否公开让所有人浏览和使用，false 表示公开。"owner"表示该项目库所有者的相关信息，其中："url"表示指向该所有者在业务网站 D 的主页；"followers_url"表示关注该所有者的其他作者（其他项目库的所有者）信息；"following_url"表示该所有者所关注的其他作者信息；"repos_url"表示该所有者所维护管理的所有项目库等。

4.6.6 获取 API 的响应数据

在分析了业务网站 D 的 Web API 结构之后，本节将使用 Python 获取业务网站 D Web API 的指定数据，由于响应数据所包含的值比较多，不便于显示，因此这里将对响应数据进行简单清洗，最后输出响应状态码和响应数据所有的键。

【实例 4-12】下面以这个业务网站 D 的 Web API 为例：https://api.github.com/search/repositories?q=spider，获取其响应数据。具体步骤如下：

1）在 Python 中导入 requests 库。

```
import requests
```

2）定义指定的 Web API 的 URL，并将其赋给变量 api_url。

```
api_url = 'https://api.github.com/search/repositories?q=spider'
```

3）使用 requests 库的 get 方法获得 Web API 的 Response 对象。

```
req = requests.get(api_url)
```

4）查看 Response 的属性值。status_code 表示服务器处理后状态的返回值（200 表示成功）。

```
print('状态码:', req.status_code)
```

5）使用 json() 方法将 Response 的数据转换为 JSON 的数据对象。

```
req_dic = req.json()
```

6）使用 keys() 方法为 JSON 的数据对象获得键，并打印输出结果。

```
print(req_dic.keys())
```

7）运行结果显示。

```
状态码: 200
dict_keys(['total_count', 'incomplete_results', 'items'])
```

完整代码如下：

```
import requests
api_url = 'https://api.github.com/search/repositories?q=spider'
req = requests.get(api_url)
```

```
print('状态码:',req.status_code)
req_dic = req.json()
print(req_dic.keys())
```

4.6.7 处理 API 的响应数据

1. 清洗 API 的响应数据

【实例 4-13】进一步处理响应的数据。本节将在前一节的基础之上，使用 Python 清洗获得 API 响应数据，有针对性地获得业务网站 D 中所有与 spider 有关的项目库的总数，验证是否完全获得了本次 API 的响应数据，返回当前浏览器页面所显示的项目库数量，查看第一个项目中的键数量，获得第一个项目中的具体内容、第一个项目作者的登录名、第一个项目的全名、第一个项目的描述和第一个项目评分等。具体步骤如下：

1）在 Python 中导入 requests 库。

```
import requests
```

2）定义指定的 Web API 的 URL。

```
api_url = 'https://api.github.com/search/repositories?q=spider'
```

3）使用 requests 库的 get 方法获得 Web API 的 Response 对象。

```
req = requests.get(api_url)
```

4）查看 Response 的属性值。status_code 表示服务器处理后状态的返回值（200 表示成功）。

```
print('状态码:',req.status_code)
```

5）使用 json() 方法将 Response 的数据转换为 JSON 的数据对象。

```
req_dic = req.json()
```

6）打印输出字典对象 req_dic 的键为'total_count'的值，该值表示与 spider 有关的库总数。

```
print('与 spider 有关的库总数:',req_dic['total_count'])
```

7）打印输出字典对象 req_dic 的键为'incomplete_results'的值，该值表示本次 Web API 请求是否完整。其中，false 表示完整，true 表示不完整。

```
print('本次请求是否完整:',req_dic['incomplete_results'])
```

8）获得字典对象 req_dic 的键为'items'的值，并将其赋值给变量 req_dic_items。注意，req_dic_items 也是一个数据类型为字典的数组。

```
req_dic_items = req_dic['items']
```

9）打印输出 req_dic_items 的元素个数。

```
print('当前页面返回的项目数量:',len(req_dic_items))
```

10）通过数组下标获取 req_dic_items 的第一个元素，即第一个 spider 的项目信息。注意，req_dic_items_first 也是一个数据类型为字典的数组。

```
req_dic_items_first = req_dic_items[0]
```

11）打印输出 req_dic_items_first 的元素个数。

```
print('查看第一个项目中的内容数量:',len(req_dic_items_first))
```

12）打印输出 req_dic_items_first 的具体内容。

```
print('第一个项目中的具体内容:',req_dic_items_first)
```

13）打印输出 req_dic_items_first 中键为'owner'的值中嵌套的键值对'login'的值。该值表示第一个项目作者的登录名。

```
print('获得第一个项目作者的登录名:',req_dic_items_first['owner']['login'])
```

14）打印输出 req_dic_items_first 中键为'full_name'的值。该值表示第一个项目的全名。

```
print('获得第一个项目的全名:',req_dic_items_first['full_name'])
```

15）打印输出 req_dic_items_first 中键为'description'的值。该值表示第一个项目的描述。

```
print('获得第一个项目的描述:',req_dic_items_first['description'])
```

16）打印输出 req_dic_items_first 中键为'score'的值。该值表示第一个项目的评分。

```
print('获得第一个项目评分:',req_dic_items_first['score'])
```

17）API 的处理结果如图 4-33 所示。

```
状态码: 200
与spider有关的库总数: 61241
本次请求是否完整: False
当前页面返回的项目数量: 30
查看第一个项目中的内容数量: 80
第一个项目中的具体内容,例如: id: 74762106
获得第一个项目作者的登录名: jhao104
获得第一个项目的全名: jhao104/proxy_pool
获得第一个项目的描述: Python ProxyPool for web spider
获得第一个项目评分: 1.0
```

图 4-33　API 的处理结果

完整代码如下：

```
import requests
api_url = 'https://api.github.com/search/repositories?q=spider'
req = requests.get(api_url)
print('状态码:',req.status_code)
req_dic = req.json()
print('与spider有关的库总数:',req_dic['total_count'])
print('本次请求是否完整:',req_dic['incomplete_results'])
req_dic_items = req_dic['items']
print('当前页面返回的项目数量:',len(req_dic_items))
req_dic_items_first = req_dic_items[0]
print('查看第一个项目中的内容数量:',len(req_dic_items_first))
print('第一个项目中的具体内容:',req_dic_items_first)
print('获得第一个项目作者的登录名:',req_dic_items_first['owner']['login'])
print('获得第一个项目的全名:',req_dic_items_first['full_name'])
print('获得第一个项目的描述:',req_dic_items_first['description'])
print('获得第一个项目评分:',req_dic_items_first['score'])
```

2. 将获得的API响应数据存入MySQL

【实例4-14】基于上面的对第一个项目数据的处理，本实例将使用循环遍历每一个项目的同一个键，得到不同的值，并将其存入MySQL中。

1）在Python中导入requests和pymysql库。

```
import requests
import pymysql
```

2）定义指定的Web API的URL。

```
api_url = 'https://api.github.com/search/repositories?q=spider'
```

3）使用requests库的get方法获得Web API的Response对象。

```
req = requests.get(api_url)
```

4）查看Response的属性值。status_code表示服务器处理后状态的返回值（200表示成功）。

```
print('状态码:',req.status_code)
```

5）使用json()方法将Response的数据转换为JSON的数据对象，并赋值给变量req_dic。此处，req_dic表示Web API关于spider的所有项目信息和部分子项目信息。

```
req_dic = req.json()
```

6）打印输出字典对象req_dic的键为'total_count'的值，该值表示与spider有关的库总数。

```
print('与spider有关的库总数:',req_dic['total_count'])
```

7）打印输出字典对象 req_dic 的键为'incomplete_results'的值，该值表示本次 Web API 请求是否完整。其中，false 表示完整，true 表示不完整。

```
print('本次请求是否完整:',req_dic['incomplete_results'])
```

8）获得字典对象 req_dic 的键为'items'的值，并将其赋值给变量 req_dic_items。注意，req_dic_items 也是一个数据类型为字典的数组。

```
req_dic_items = req_dic['items']
```

9）打印输出 req_dic_items 的元素个数。

```
print('当前页面返回的项目数量:',len(req_dic_items))
```

10）通过 pymysql 库的 connect()方法返回 pymysql 的数据库连接对象 db，在该方法中传入参数，host 表示 MySQL 数据库管理系统所在的主机名，user 表示登录 MySQL 数据库管理系统的用户名，password 表示登录 MySQL 数据库管理系统的密码，port 表示 MySQL 数据库管理系统的端口号。然后，通过 db 对象的 cursor 方法获得操作数据库管理系统的 cursor 游标，并使用 execute()方法执行具体的 SQL 语句。该 SQL 语句表示创建一个名为 WEPAPI3 的数据库，默认字符集设置为 utf8mb4。最后，使用 db 对象的 close()方法关闭数据库连接。

```
db = pymysql.connect(host='localhost', user='root', password='密码', port=3306)
cursor = db.cursor()
cursor.execute("CREATE DATABASE WEBAPI3 DEFAULT CHARACTER SET utf8mb4")
db.close()
```

11）通过 pymysql 库的 connect()方法返回 pymysql 的数据库连接对象 db2，在该方法中传入参数，从左往右分别表示：主机名、登录数据库管理系统用户名、登录密码、数据库名、端口号。然后，通过 db2 对象的 cursor()方法获得操作数据库管理系统的 cursor2 游标，并使用 execute 方法执行具体的 SQL 语句。该 SQL 语句表示在数据库 WEBAPI3 中，如果已经存在一个名为 webapi3 的表，就现将其删除。接着，将变量 sql1 的 SQL 语句用于创建名为 webapi3 的表。其中包含三个字段，即 id、full_name 和 score，id 为主键，默认字符集为 utf8mb4。使用 execute()方法执行 sql1 语句，如果没有报错，则输出"Created table successfully."。

```
db2 = pymysql.connect("localhost","root","密码","WEBAPI3",3306)
cursor2 = db2.cursor()
cursor2.execute("DROP TABLE IF EXISTS webapi3")
sql1 = """CREATE TABLE 'webapi3'(
            'id' int(10) NOT NULL AUTO_INCREMENT,
            'full_name' char(20) NOT NULL,
            'score' int(10) NOT NULL,
             PRIMARY KEY ('id')
            ) ENGINE=InnoDB DEFAULT CHARSET=utf8mb4;"""
cursor2.execute(sql1)
print("Created table successfully.")
```

12）使用 for 循环遍历 req_dic_items，其中，enumerate( )方法将 req_dic_items 中每一个键（key）按顺序匹配一个索引号（index），并打印输出 index,key['full_name'],key['score']。然后，将变量 sql2 的 SQL 语句用于向数据表 webapi3 插入新的数据。在这里，使用 try…except…语句检测 cursor2 的 execute( )方法和 commit( )方法是否成功执行，如果失败，则执行 rollback( )方法实现回滚。最后，关闭 db2 数据库连接。

```
for index,key in enumerate(req_dic_items):
    print('项目序号:', index, ' 项目名称:', key['full_name'], ' 项目评分:', key['score'])
    sql2 = 'INSERT INTO webapi3(id, full_name, score) VALUES(%s,%s,%s)'
    try:
        cursor2.execute(sql2, (index, key['full_name'], key['score']))
        db2.commit()
    except:
        db2.rollback()
db2.close()
```

13）在 MySQL 中的运行结果如图 4-34 所示。

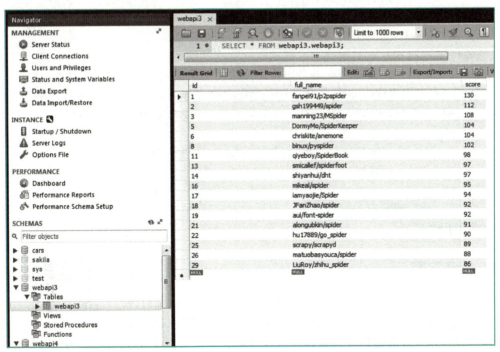

图 4-34　在 MySQL 中的运行结果

完整代码如下：

```
import requests
import pymysql
api_url = 'https://api.github.com/search/repositories?q=spider'
req = requests.get(api_url)
print('状态码:',req.status_code)
```

```
req_dic = req.json()
print('与 spider 有关的库总数:',req_dic['total_count'])
print('本次请求是否完整:',req_dic['incomplete_results'])
req_dic_items = req_dic['items']
print('当前页面返回的项目数量:',len(req_dic_items))
db = pymysql.connect(host='localhost', user='root', password='Woailulu1984', port=3306)
cursor = db.cursor()
cursor.execute("CREATE DATABASE WEBAPI3 DEFAULT CHARACTER SET utf8mb4")
db.close()
db2 = pymysql.connect("localhost", "root", "Woailulu1984", "WEBAPI3",3306)
cursor2 = db2.cursor()
cursor2.execute("DROP TABLE IF EXISTS webapi3")
sql1 = """CREATE TABLE 'webapi3'(
            'id' int(10) NOT NULL AUTO_INCREMENT,
            'full_name' char(20) NOT NULL,
            'score' int(10) NOT NULL,
            PRIMARY KEY ('id')
        ) ENGINE=InnoDB DEFAULT CHARSET=utf8mb4;"""
cursor2.execute(sql1)
print("Created table successfully.")
for index,key in enumerate(req_dic_items):
    print('项目序号:', index, ' 项目名称:', key['full_name'], ' 项目评分:', key['score'])
    sql2 = 'INSERT INTO webapi3(id, full_name, score) VALUES(%s,%s,%s)'
    try:
        cursor2.execute(sql2, (index, key['full_name'], key['score']))
        db2.commit()
    except:
        db2.rollback()
db2.close()
```

4.6.8 任务实现

4.6.8 任务实现

【实例 4-15】本节将有针对性地使用爬虫工具采集针对 "repositories?q=spider",即库名为 spider 的业务网站 D 的项目基本信息,使用 sorted() 方法根据所有项目的分数排名,并保存至 MySQL 数据库中。

1) 在 Python 中导入 requests 和 pymysql 库。

```
import requests
import pymysql
```

2) 定义指定的 Web API 的 URL。

```
api_url = 'https://api.github.com/search/repositories?q=spider'
```

3) 使用 requests 库的 get() 方法获得 Web API 的 Response 对象。

```
req = requests.get(api_url)
```

4）查看 Response 的属性值。status_code 表示服务器处理后状态值的返回（200 表示成功）。

```
print('状态码:',req.status_code)
```

5）使用 json() 方法将 Response 的数据转换为 JSON 的数据对象，并赋值给变量 req_dic。此处，req_dic 表示 Web API 关于 spider 的所有项目信息和部分子项目信息。

```
req_dic = req.json()
```

6）打印输出字典对象 req_dic 的键为'total_count'的值，该值表示与 spider 有关的库总数。

```
print('与 spider 有关的库总数:',req_dic['total_count'])
```

7）打印输出字典对象 req_dic 的键为'incomplete_results'的值，该值表示本次 Web API 请求是否完整。其中，false 表示完整，true 表示不完整。

```
print('本次请求是否完整:',req_dic['incomplete_results'])
```

8）获得字典对象 req_dic 的键为'items'的值，并将其赋给变量 req_dic_items。注意，req_dic_items 也是一个数据类型为字典的数组。

```
req_dic_items = req_dic['items']
```

9）打印输出 req_dic_items 的元素个数。

```
print('当前页面返回的项目数量:',len(req_dic_items))
```

10）声明定义一个空列表，用于存放项目名称。

```
names = []
```

11）使用 for 循环将 req_dic_items 中所有的键都遍历出来，并将键值为'name'的值添加到列表 names 中。

```
for key in req_dic_items:
    names.append(key['name'])
```

12）使用 sorted 方法对列表 names 排序。

```
sorted_names = sorted(names)
```

13）通过 pymysql 库的 connect() 方法返回 pymysql 的数据库连接对象 db，在该方法中传入参数，host 表示 MySQL 数据库管理系统所在的主机名，user 表示登录 MySQL 数据库管理系统的用户名，password 表示登录 MySQL 数据库管理系统的密码，port 表示 MySQL 数据库管理系统的端口号。然后，通过 db 对象的 cursor 方法获得操作数据库管理系统的 cursor 游标，并使用execute()方法执行具体的SQL语句。该SQL语句表示创建一个名为WEPAPI4的数据库，默认字符集设置为utf8mb4。最后，使用db对象的close方法关闭数据库连接。

```
db = pymysql.connect(host='localhost', user='root', password='密码', port=3306)
cursor = db.cursor()
cursor.execute("CREATE DATABASE WEBAPI4 DEFAULT CHARACTER SET utf8mb4")
db.close()
```

14）通过pymysql库的connect()方法返回pymysql的数据库连接对象db2，在该方法中传入参数，从左往右分别表示：主机名、数据库管理系统登录名、登录密码、数据库名、端口号。然后，通过db2对象的cursor()方法获得操作数据库管理系统的cursor2游标，并使用execute()方法执行具体的SQL语句。该SQL语句表示在数据库WEBAPI4中，如果已经存在一个名为webapi4的表的话，就现将其删除。接着，将变量sql1的SQL语句用于创建名为webapi4的表。其中包含两个字段，即id和full_name，id为主键，默认字符集为utf8mb4。使用execute()方法执行sql1语句，如果没有报错，则输出"Created table successfully."。

```
db2 = pymysql.connect("localhost","root","密码","WEBAPI4",3306)
cursor2 = db2.cursor()
cursor2.execute("DROP TABLE IF EXISTS webapi4")
sql1 = """CREATE TABLE 'webapi4'(
            'id' int(10) NOT NULL AUTO_INCREMENT,
            'full_name' char(20) NOT NULL,
             PRIMARY KEY ('id')
          ) ENGINE=InnoDB DEFAULT CHARSET=utf8mb4;"""
cursor2.execute(sql1)
print("Created table successfully.")
```

15）使用for循环遍历sorted_names，其中，enumerate()方法将sorted_names中每一个name按顺序匹配一个index（索引号），并打印输出index和name的值。然后，将变量sql2的SQL语句用于向数据表webapi4中插入新的数据。在这里，使用try…except…语句检测cursor2的execute()方法和commit()方法是否成功执行，如果失败，则执行rollback()方法实现回滚。最后，关闭db2的数据库连接。

```
for index,name in enumerate(sorted_names):
    print('项目索引号：',index,'项目名称：',name)
    sql2 = 'INSERT INTO webapi4(id, full_name) VALUES(%s,%s)'
    try:
        cursor2.execute(sql2, (index, name))
        db2.commit()
    except:
        db2.rollback()
db2.close()
```

16）在MySQL中的运行结果如图4-35所示。

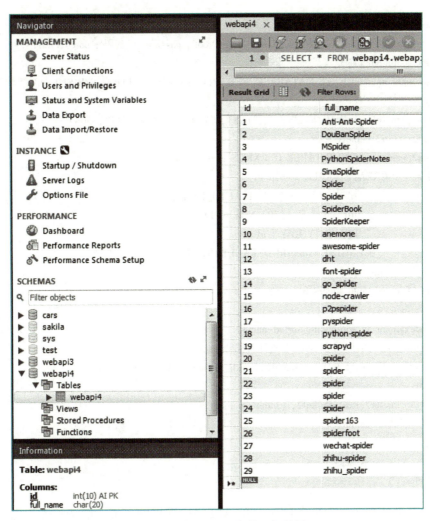

图 4-35 在 MySQL 中的运行结果

完整代码如下：

```
import requests
import pymysql
api_url = 'https://api.github.com/search/repositories?q=spider'
req = requests.get(api_url)
print('状态码:',req.status_code)
req_dic = req.json()
print('与 spider 有关的库总数:',req_dic['total_count'])
print('本次请求是否完整:',req_dic['incomplete_results'])
req_dic_items = req_dic['items']
print('当前页面返回的项目数量:',len(req_dic_items))
names = []
for key in req_dic_items:
    names.append(key['name'])
```

```python
sorted_names = sorted(names)
db = pymysql.connect(host='localhost', user='root', password='密码', port=3306)
cursor = db.cursor()
cursor.execute("CREATE DATABASE WEBAPI4 DEFAULT CHARACTER SET utf8mb4")
db.close()
db2 = pymysql.connect("localhost", "root", "密码", "WEBAPI4", 3306)
cursor2 = db2.cursor()
cursor2.execute("DROP TABLE IF EXISTS webapi4")
sql1 = """CREATE TABLE 'webapi4'(
            'id' int(10) NOT NULL AUTO_INCREMENT,
            'full_name' char(20) NOT NULL,
             PRIMARY KEY ('id')
           ) ENGINE=InnoDB DEFAULT CHARSET=utf8mb4;"""
cursor2.execute(sql1)
print("Created table successfully.")

for index, name in enumerate(sorted_names):
    print('项目索引号:', index, '项目名称:', name)
    sql2 = 'INSERT INTO webapi4(id, full_name) VALUES(%s,%s)'
    try:
        cursor2.execute(sql2, (index, name))
        db2.commit()
    except:
        db2.rollback()
db2.close()
```

在此，本节就实现了针对业务网站 D 的 API 进行数据的采集、清洗和持久化存储。

4.7 小结

通过本任务的学习，读者掌握了如何使用 Chrome 浏览器的"开发者工具"综合分析业务网站 A、B、C 和 D 的网页结构和内容，正确分辨网页中数据的数据类型，最后找到并获取静态数据和动态数据。对于静态数据，使用 requests 库和 BeautifulSoup 库编写自定义的爬虫代码，获取静态数据后实现数据的持久化存储。对于动态数据，通过 AJAX 请求的 URL，使用爬虫程序向 AJAX 请求动态数据，最后将收集到的动态数据清洗后保存至 MySQL 中。

4.8 习题

1. 利用业务网站 D 提供的 API 实现数据采集、清洗和存储功能。
2. 通过分析特定页面结构和数据的各项内容，使用 Python 实现 AJAX 的数据采集，并将结果保存至 MySQL 数据库中。

任务 5 ChromeDriver 和 Selenium 技术应用案例——网站数据采集

学习目标

- 分析业务网站的网页结构和内容
- 理解 ChromeDriver 和 Selenium 的安装和配置
- 学会使用 ChromeDriver 和 Selenium 实现网站数据采集
- 熟悉业务网站新房数据采集的需求和流程
- 使用 pymysql 库实现数据的持久化

5.1 任务描述

本任务通过 Chrome 浏览器综合分析业务网站的网页结构和内容，使用 ChromeDriver 和 Selenium 技术来实现业务网站数据采集。然后通过进一步分析主页，获取字段为房屋名称（name）、地址（location）、价格（price）、房屋面积（size）的数据。最后，使用 pymysql 库在 MySQL 数据管理系统中创建指定的数据库 house_database 和数据表 house_info，实现数据的持久化存储。

5.2 ChromeDriver

ChromeDriver 是一个与 Google Chrome 浏览器兼容的驱动程序，它允许通过编程方式控制 Chrome 浏览器的操作。作为一个关键的工具，ChromeDriver 在爬虫开发中发挥着重要的作用。它提供了与浏览器的无缝交互，能够模拟用户操作，执行自动化任务，例如模拟登录、数据采集和页面导航等。

5.2.1 ChromeDriver 概述

ChromeDriver 涉及三个独立部分：一是浏览器本身（Chrome）；二是 Selenium 项目（驱动程序）；三是从 Chromium 项目下载的可执行文件，它充当 Chrome 和驱动程序之间的桥梁。

ChromeDriver 的工作原理是通过与 Chrome 浏览器建立通信，接收来自 Selenium 库的指令，并将其转换为浏览器的行为。它可以与不同版本的 Chrome 浏览器相匹配，因此在使用 ChromeDriver 之前，需要确保安装了与目标 Chrome 浏览器版本兼容的 ChromeDriver。

使用 ChromeDriver，可以实现对浏览器的完全控制，包括页面加载、元素定位、表单填充和单击等操作。这使得 ChromeDriver 成为网站模拟登录和数据采集的重要工具之一，为爬虫工程师提供了更强的灵活性和自动化能力。

5.2.2 ChromeDriver 安装

1. 确定 Chrome 浏览器的版本

首先，需要确定正在使用的 Chrome 浏览器的版本。在 Chrome 浏览器中，单击右上角的菜单按钮，选择"帮助"，然后单击"关于 Google Chrome"，如图 5-1 所示。

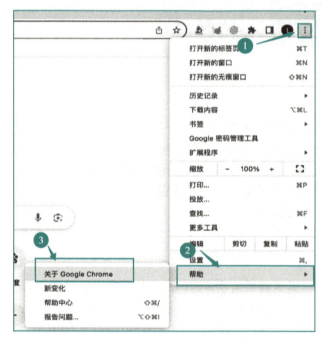

图 5-1 定位"关于 Google Chrome"

在新打开的页面中，可以看到 Chrome 浏览器的版本号，如图 5-2 所示。

图 5-2 查询 Chrome 浏览器版本号

2. 下载对应版本的 ChromeDriver

在安装 ChromeDriver 之前，需要下载与 Chrome 浏览器版本相匹配的 ChromeDriver。可以在 ChromeDriver 的官方网站（https://sites.google.com/chromium.org/driver/downloads）上找到可用版本的下载链接，如图 5-3 所示。单击下载链接，选择适合操作系统的安装包，如图 5-4 所示。

图 5-3　ChromeDriver 和 Chrome 浏览器版本匹配

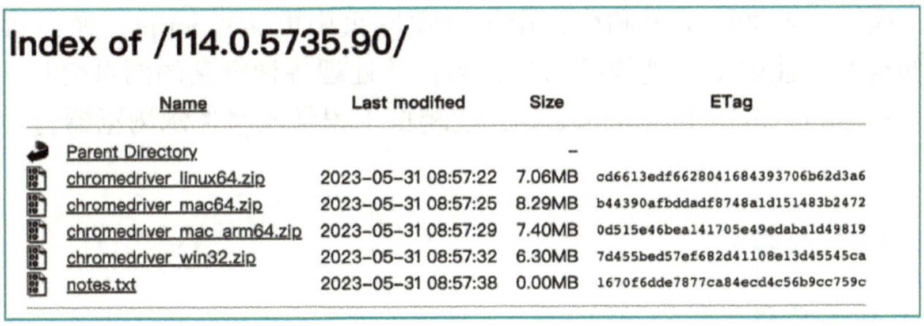

图 5-4　下载 ChromeDriver 安装包

3. 解压 ChromeDriver 安装包

下载完成后，将 ChromeDriver 安装包解压缩到所需的目录中。我们也可以将其解压缩到任何方便的位置，例如项目文件夹或系统路径中。在此直接放入 Python 的 Scripts 目录中（如果安装的是 Anaconda 的环境变量，请将 chromedriver.exe 放在 Anaconda 的 Scripts 目录中）。

4. 验证安装

在安装完成后，打开命令行或终端窗口，并输入以下命令验证 ChromeDriver 是否正确安装：

chromedriver --version

如果安装成功，可以看到 ChromeDriver 的版本号，如图 5-5 所示。

图 5-5　ChromeDriver 的版本号

5.3 Selenium

5.3.1 Selenium 概述

Selenium 是一个被广泛使用的自动化测试框架，也是爬虫工程师在网站模拟登录和数据采集中常用的工具。它提供了一组功能强大的 API，允许我们以编程方式控制浏览器的行为，模拟用户操作和提取网页数据。

Selenium 支持多种浏览器，包括 Chrome、Firefox、Safari 和 Edge 等，因此它具有很强的跨浏览器兼容性。通过 Selenium，我们可以自动打开浏览器，导航到特定的 URL，填充表单，单击按钮，提取网页内容等。这使得 Selenium 成为模拟登录和数据采集的理想选择。

Selenium 的核心组件是 webdriver，它是一个用于浏览器自动化的 API。webdriver 可以与不同的浏览器驱动程序（如 ChromeDriver）交互，通过发送指令和接收响应来控制浏览器的行为。我们可以使用 webdriver 定位和操作网页上的元素，例如文本框、按钮和链接等。

Selenium 还提供了丰富的工具和库，用于处理网页中的 JavaScript、弹出窗口、框架和异步加载等。这使得我们能够更好地模拟用户行为，并处理各种复杂的网页交互。

总而言之，Selenium 是一个强大的工具，使爬虫工程师能够控制浏览器行为、模拟登录和采集数据。

5.3.2 Selenium 安装

1. 安装 Selenium 文件

安装 Selenium 可参考前面章节，关键步骤如图 5-6 所示。

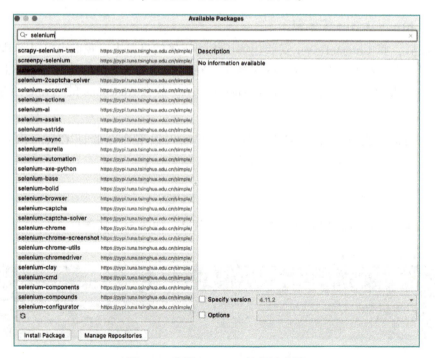

图 5-6　安装 Selenium 的关键步骤

2. 安装验证

在安装完成后，可以在命令窗口中运行"import selenium"命令，如果没有报错，则表示安装成功，如图 5-7 所示。

```
Python 3.8.10 (v3.8.10:3d8993a744, May  3 2021, 09:09:08)
[Clang 12.0.5 (clang-1205.0.22.9)] on darwin
Type "help", "copyright", "credits" or "license" for more information.
>>> import selenium
>>>
```

图 5-7　Selenium 安装验证

也可以编写一个简单的 Python 脚本来验证 Selenium 是否正确安装。创建一个 Python 文件，命名为 test_selenium.py，其代码如下：

```
from selenium import webdriver              # 创建一个 Chrome 浏览器驱动程序实例
driver = webdriver.Chrome()                 # 打开网页
driver.get("https://www.baidu.com")
print(driver.title)                         # 打印网页标题
driver.quit()                               # 关闭浏览器
```

保存文件后，在命令行或终端窗口中运行以下命令：

```
python test_selenium.py
```

如果一切正常，可以看到 Chrome 浏览器自动打开，并在终端中显示网页的标题。

通过按照以上步骤，已经成功安装了 Selenium。现在，可以在爬虫项目中使用 Selenium 来模拟用户操作和采集网站数据了。

5.4 任务实现：业务网站数据采集

5.4.1 页面分析

首先对业务网站的页面结构和内容进行深度分析，目的是从业务网站中找到所需数据，包括房屋名称（name）、地址（location）、价格（price）、房屋面积（size）。

5.4.1　页面分析

1. 打开业务网站新房页面

打开 Chrome 浏览器，在浏览器地址中输入业务网站的新房页面地址 https://cq.fang.ke.com/loupan/，按下〈Enter〉键，页面加载并显示新房列表，如图 5-8 所示。

2. 检查页面结构

使用浏览器的开发者工具检查页面结构。右键单击页面上的元素，从弹出的快捷菜单中选择"检查"命令，如图 5-9 所示，打开开发者工具窗口。

3. 定位元素

1）在开发者工具中可以浏览页面的 HTML 结构和 CSS 样式，单击左上角按钮，可以快速

图 5-8　业务网站新房页面

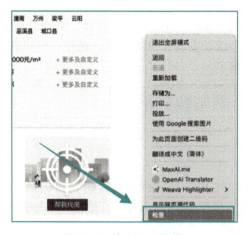

图 5-9　检查网页结构

定位页面中各个元素的位置、相关属性和值，如图 5-10 所示。

2）接下来对数据进行精确定位和操作，如图 5-11 所示。

① 将光标定位到<ul>标签上，可以发现每一个<ul>标签当中含有多个<li>标签，多个<li>标签具有相同的标签结构和内容，上述规律为获取业务网站数据创造了条件。

② 将光标定位到<ul>标签上，单击鼠标右键，在弹出的快捷菜单中选择"Copy"→"Copy XPath"命令，就能够得到该标签在页面中的标签层级位置（在此为"/html/body/div[6]/ul[2]"），即<ul>标签的 XPath 路径信息，如图 5-12 所示。

任务 5　ChromeDriver 和 Selenium 技术应用案例——网站数据采集

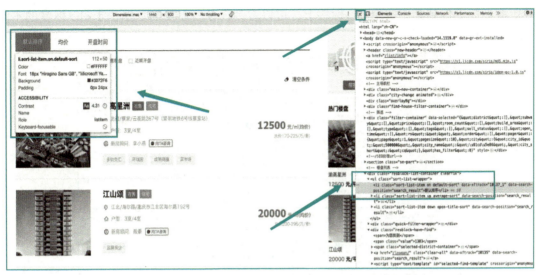

图 5-10　定位业务网站页面元素

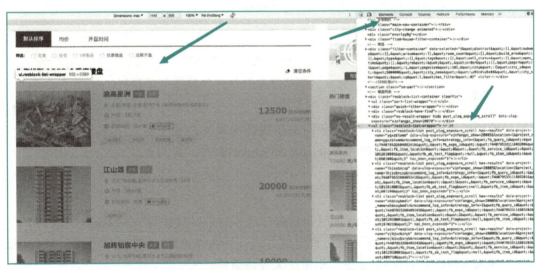

图 5-11　对数据进行精确定位和操作

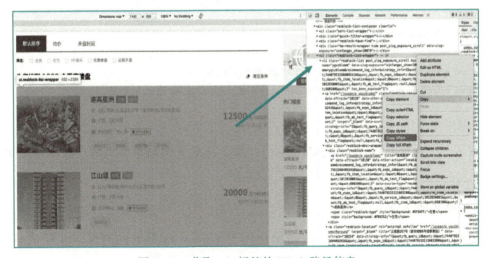

图 5-12　获取<ul>标签的 XPath 路径信息

③ 将光标定位到其中一个<li>标签上，可以看到任务所需要的数据位于<li>标签的不同位置，如图 5-13 所示。

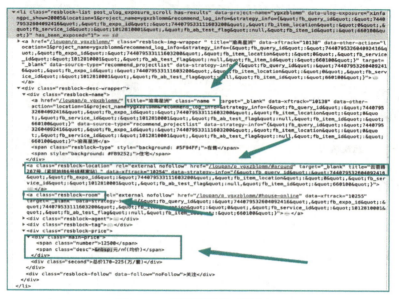

图 5-13　所需数据的不同位置

5.4.2　数据获取

5.4.2　数据获取

通过前面的页面分析，获得了业务网站新房数据采集过程中涉及的元素信息。接下来我们将使用 Selenium 和 ChromeDriver 访问业务网站页面，定位并提取房源信息。

1. 导入必要的库

导入 Python 的时间库，用于添加时间延迟。从 Selenium 库中导入 webdriver 库，用于控制浏览器；导入 By 模块，提供不同的元素定位方式；导入 WebDriverWait 库，用于等待特定条件出现；导入 expected_conditions 库，用于定义等待条件。

```
import time
from selenium import webdriver
from selenium.webdriver.common.by import By
from selenium.webdriver.support.ui import WebDriverWait
from selenium.webdriver.support import expected_conditions as EC
```

2. 数据采集函数

1）定义一个函数 fetch_house_info(page)，用于从业务网站新房页面中获取指定页数的房源信息

```
def fetch_house_info(page):
```

2）使用 webdriver 的 Chrome 方法初始化用于 Chrome 浏览器的对象，并赋值给 chrome_driver。

```python
browser = webdriver.Chrome()
```

3）使用 Chrome 浏览器对象的 maximize_window() 方法将浏览器设置为最大化的。

```python
browser.maximize_window()
```

4）使用 Chrome 浏览器对象的 get() 方法获取业务网站新房页面的 URL。

```python
browser.get('https://cq.fang.ke.com/loupan/')
```

5）使用 WebDriverWait 模块实现使用 Chrome 浏览器对象对浏览器的 10 s 的等待操作。其中 EC.presence_of_element_located 是判断条件，即等待指定元素（此处为/html/body/div[6]/ul[2]）出现在页面上，如果该元素没有在 10 s 内出现，则会抛出 TimeoutException 异常。

```python
house = WebDriverWait(browser,10).until(EC.presence_of_element_located((By.XPATH, '/html/body/div[6]/ul[2]')))
```

3. 提取房源信息

1）使用 find_elements 方法中的 CSS 选择器定位并获取房源名称元素，使用类名定位并获取所有房屋地址、价格和房屋面积元素。

```python
housenames = house.find_elements(By.CSS_SELECTOR, "[class='name']")
houselocations = house.find_elements(By.CLASS_NAME, 'resblock-location')
houseprices = house.find_elements(By.CLASS_NAME, 'number')
housesizes = house.find_elements(By.CLASS_NAME, 'resblock-room')
```

2）使用 zip 函数将相同索引位置元素组合在一起，从而创建字典表示的房源信息，并添加到 houses 列表中。

```python
for name, location, price, size in zip(housenames, houselocations, houseprices, housesizes):
    house = {
        "name": name.text,
        "location": location.text,
        "price": price.text,
        "size": size.text
    }
    houses.append(house)
```

4. 异常处理和浏览器关闭

1）使用 try 和 except 捕获任何可能发生的异常，并打印错误消息。

```python
try:
    {# 获取房源信息}
except Exception as e:
    print("An error occurred while fetching house information:", e)
```

2)使用 finally 保证浏览器无论如何都会关闭,避免资源泄露。

```
finally:
    browser.quit()
```

完整代码如下:

```python
import time
from selenium import webdriver
from selenium.webdriver.common.by import By
from selenium.webdriver.support.ui import WebDriverWait
from selenium.webdriver.support import expected_conditions as EC

def fetch_house_info(page):
    browser = webdriver.Chrome()
    browser.maximize_window()
    browser.get('https://cq.fang.ke.com/loupan/')
    time.sleep(5)            # 等待页面加载
    houses = []
    try:
        house = WebDriverWait(browser, 10).until(EC.presence_of_element_located((By.XPATH, '/html/body/div[6]/ul[2]')))
        time.sleep(5)
        # 获取房源信息
        housenames = house.find_elements(By.CSS_SELECTOR, "[class='name']")
        houselocations = house.find_elements(By.CLASS_NAME, 'resblock-location')
        houseprices = house.find_elements(By.CLASS_NAME, 'number')
        housesizes = house.find_elements(By.CLASS_NAME, 'resblock-room')
        for name, location, price, size in zip(housenames, houselocations, houseprices, housesizes):
            house = {
                "name": name.text,
                "location": location.text,
                "price": price.text,
                "size": size.text
            }
            houses.append(house)

    except Exception as e:
        print("An error occurred while fetching house information:", e)
    finally:
        browser.quit()

    return houses
```

5.4.3 数据持久化保存

5.4.3 数据持久化保存

前面已经通过爬虫程序实现了业务网站新房页面指定数据的获取，但是这些数据都只能保存在内存之中，并没有进行规范化和持久化的管理。为了能够使数据结构化、数据之间具有联系，从而更好地面向整个系统，同时提高数据的共享性、扩展性和独立性，降低冗余度，下面将使用 MySQL 数据管理系统保存数据，本任务使用的数据管理工具是 Navicat Premium。

通过调用 pymysql 库，使用 Python 语言实现连接和操作 MySQL。

1. 导入必要的库

导入 pymysql 库，用于在 Python 中连接和操作 MySQL。

```
import pymysql
```

2. 使用 connect()方法

通过传入指定的参数实现对 MySQL 的登录和对具体数据库的连接操作。这里的参数包括：host 表示将要连接的设备地址；localhost 表示本机；user 和 password 分别表示登录到 MySQL 的账户和密码；port 表示登录 MySQL 过程中使用的端口号，在此为 3306；database 表示在 MySQL 中已经存在的数据库。最后，将该方法的返回值返回给变量 connection。

```
connection = pymysql.connect(host='localhost', user='root', password='××××', database='house_database', port=3306)
```

3. 使用 cursor()方法

该方法是对数据库 house_database 执行 SQL 操作的基础。

```
cursor = connection.cursor()
```

4. 定义了函数 create_table()

该函数接收 cursor 参数，该参数用于执行数据库操作。在函数内部，使用 cursor.execute() 方法执行 SQL 语句，创建名为 house_info 的数据表，如果数据表已存在则不做任何操作。

```
def create_table(cursor):
    # 创建数据表
    cursor.execute('''CREATE TABLE IF NOT EXISTS house_info (
        id INT AUTO_INCREMENT PRIMARY KEY,
        name VARCHAR(255),
        location VARCHAR(255),
        price VARCHAR(50),
        size VARCHAR(50)
    )''')
```

数据表的字段包括：id（自增主键）、name（最大长度为 255 的字符串类型）、location（最大长度为 255 的字符串类型）、price（最大长度为 50 的字符串类型）、size（最大长度为 50

的字符串类型）。

5. 插入信息

1）使用 for 循环遍历 houses 列表中的每个房源信息，将信息插入数据库表中。

```
for house in houses：
    insert_query = " INSERT INTO house_info（name, location, price, size）VALUES（%s, %s, %s, %s）"
```

2）使用 INSERT INTO 语句将房源信息插入数据库表中。使用 cursor.execute（) 方法执行插入操作，并通过 connection.commit（) 方法提交事务。

```
cursor.execute(insert_query,（house['name'], house['location'], house['price'], house['size']))

connection.commit（)
```

至此就使用 pymysql 库实现了在 Python 中连接 MySQL，并将获取的数据保存到 MySQL 中。数据库中存储的数据如图 5-14 所示。

图 5-14　数据库中存储的数据

完整代码如下：

```
import pymysql
def create_table(cursor):
    # 创建数据表
    cursor.execute('''CREATE TABLE IF NOT EXISTS house_info (
        id INT AUTO_INCREMENT PRIMARY KEY,
        name VARCHAR(255),
        location VARCHAR(255),
        price VARCHAR(50),
        size VARCHAR(50)
    )''')

def store_house_info(houses):
    connection = pymysql.connect(
        host='localhost',
        user='root',
```

```python
        password='12345678',
        database='house_database',
        port=3306
    )
    cursor = connection.cursor()

    try:
        create_table(cursor)

        for house in houses:
            insert_query = "INSERT INTO house_info (name, location, price, size) VALUES (%s, %s, %s, %s)"
            cursor.execute(insert_query, (house['name'], house['location'], house['price'], house['size']))
        connection.commit()

    except Exception as e:
        print("An error occurred while storing house information:", e)

    finally:
        cursor.close()
        connection.close()
```

此外还可以指定捕获网页的页面数,代码如下:

```python
import time
from scraper import fetch_house_info
from storage import store_house_info
from selenium import webdriver
from selenium.webdriver.common.action_chains import ActionChains
from selenium.webdriver.common.by import By

def main(pages_to_crawl):
    browser = webdriver.Chrome()
    browser.maximize_window()
    browser.get('https://cq.fang.ke.com/loupan/')
    # 等待页面加载
    time.sleep(5)
    try:
        for page in range(1, pages_to_crawl + 1):
            houses = fetch_house_info(browser)
            store_house_info(houses)
            element = browser.find_element(By.CLASS_NAME, 'next')
            # element.click()
```

```
        # 创建 ActionChains 对象
        actions = ActionChains(browser)
        # 移动光标到目标元素上方
        actions.move_to_element(element).perform()
        # 单击目标元素
        actions.click().perform()
        time.sleep(10)            # 添加适当的延迟

    except Exception as e:
        print("An error occurred:", e)
    finally:
        browser.quit()


if __name__ == "__main__":
    pages_to_crawl = int(input("Enter the number of pages to crawl: "))
    main(pages_to_crawl)
```

5.5 小结

本任务使用 Selenium 库实现了从业务网站采集新房数据并将其存储到 MySQL 数据库的全过程。首先,通过浏览器驱动,用代码模拟用户访问网页、定位元素并提取信息。定位时采用 XPath 和 CSS 选择器等方式,保证准确捕获数据。数据采集函数中使用 WebDriverWait 和 expected_conditions 等待特定元素的出现,确保数据获取的准确性。其次,通过 pymysql 库建立数据库连接,创建 house_info 数据表用于存储房源信息。在存储过程中,数据被逐条插入数据库中,对异常的处理保障数据插入的稳定性。通过这一系列流程,实现了从页面分析、数据获取到数据存储的完整数据采集任务。本任务为网络数据采集工作者提供了一个有实际意义的实例,展示了如何通过代码自动化地获取和处理网络信息,为业务分析和决策提供了有力支持。

5.6 习题

1. 选择题

Selenium 库的主要作用是(　　)。
A. 进行数据存储
B. 自动化浏览器操作和网页访问
C. 数据可视化处理
D. 编写网页前端代码

2. 判断题

1）WebDriverWait 是 Selenium 中用于实现等待条件的方法之一，可以等待特定元素的出现。（　　）

2）使用 Selenium 进行网页自动化操作时，无须关心页面的加载时间和元素的出现顺序。（　　）

3. 实践题

请编写 Python 代码，使用 Selenium 访问百度首页，然后从搜索框中输入关键字"Python 编程"，并模拟单击"百度一下"搜索按钮。

任务 6 Scrapy 技术应用案例——框架式数据采集

学习目标

- 了解 Scrapy 爬虫框架的工作原理
- 了解 Scrapy 爬虫框架的安装过程，以及各组件的基本含义和用法
- 掌握使用 Scrapy 爬虫框架采集数据的方法

本章使用 Scrapy 爬虫框架创建一个 Scrapy 项目，获取业务网站的数据，最后使用 pymysql 库实现数据的持久化操作。

6.1 任务描述

本任务是使用 Scrapy 爬虫框架创建一个 Scrapy 项目，编写网络爬虫程序获取业务网站的数据，使用命令将数据保存到 MySQL 数据库中。

6.2 Scrapy

6.2.1 Scrapy 概述

Scrapy 可以作为爬取网络站点数据以及获取结构化数据的应用架构，包括数据采集、挖掘和处理等多种应用方式。Scrapy 用于网站数据采集，也可以通过调用开放的 API 接口实现数据采集。Scrapy 强大的框架设计，使其成为一种主流的网站数据采集框架。

异步请求和多线程的数据处理方式极大地优化了 Scrapy 功能，在多请求环境下它可以合理、高效地、同时地处理不同状态的请求。即使某个请求没有成功，Scrapy 也能正常完成其他请求。

除了能够以异步和多线程的方式实现多请求的爬取网站数据外，Scrapy 还具备很多弹性的数据爬取设置，通过配置网络爬虫爬取策略，包括运行频次、次数以及设置 IP 池等方式，更加真实和友好地访问和爬取数据。

6.2.2 Scrapy 工作原理

Scrapy 的工作原理如图 6-1 所示。

网络爬虫器首先会以多线程的形式向设定的网页发出请求（Request）。这些请求将被发送到 Scrapy 引擎，并进一步传递给调度器（Scheduler）。调度器在收到这些请求之后，会根据请

求的多少进行判断,并决定是否开辟消息队列(Queue),以实现所有请求被高效、有序执行。

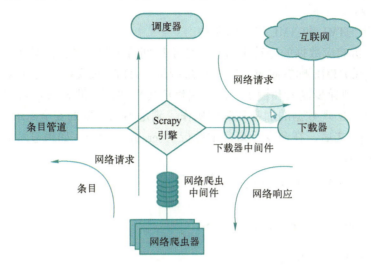

图 6-1　Scrapy 的工作原理

在调度器创建的消息队列中,所有请求都将根据一定的算法模型来决定何时被依次运行。同样,当前被选中执行的请求将通过 Scrapy 引擎传递给下载器中间件(Downloader Middleware)和负责具体实现请求与接收请求/响应的下载器(Downloader)。下载中间件可以做更多详细的配置。多个下载器中间件可以并行操作,并且每个下载器中间件都可以处理不同的请求或者响应不同的数据。例如,可以实现某个请求报文头部信息设置或者可以实现对请求返回的响应(Response)数据进行解压等操作。目的就是优化请求和响应数据的质量,提升整个 Scrapy 的工作效率。

通过下载器实现访问互联网中特定网页并获得所需要的请求/响应数据,再通过前面的下载器中间件做进一步处理,之后请求/响应数据将被传递到网络爬虫中间件(Spiders Middleware)。这里的网络爬虫中间件将对请求/响应数据做更详细的处理。

网络爬虫中间件将对请求/响应数据进行分离操作,把其中的网页条目(Item)数据和需要再次爬取的请求分开(目的是实现多页面的连续请求),在与网络爬虫器交互之后,经过 Scrapy 引擎分别传递给条目管道(Item Pipeline)和调度器。这里的新请求将又一次执行前面请求的流程。条目数据在进入条目管道之后会被进一步清洗和处理,并存储到指定的位置,在数据库中实现持久化存储。

6.2.3　Scrapy 安装

1. 在 Windows 操作系统下安装 Scrapy

在 Windows 操作系统中安装 Scrapy 时,建议通过安装 Anaconda 的方式实现。这是因为通过其他方式,例如 pip 方式安装,将会存在很多安装依赖包方面的问题。普通用户只要学会正常使用 Scrapy 的各种功能即可,没必要花更多的时间在安装各种依赖包上面。具体安装命令如下:

```
conda install -c conda-forge scrapy
```

这里还需要安装几个特定的 Python 包用于丰富 Scrapy 的功能。使用 pip install 命令实现以下 Python 包的安装：

1）lxml：解析 HTML 和 XML 格式的文件。
2）parsel：解析响应数据的字符串格式，便于后期特定数据的匹配处理。
3）w3lib：实现 HTML 标签修改、URL 地址提取、HTTP 报文格式转换以及字符集编码。
4）Twisted：实现异步输入和输出的网络引擎应用框架，帮助 Scrapy 实现异步操作。
5）pyOpenSSL：实现数据的加密和解密操作，满足不同数据的安全需求。

当安装完 Scrapy 之后，在命令行窗口中运行"scrapy"命令，如果显示如图 6-2 所示的信息，即表示安装成功。

```
Scrapy 2.8.0 - active project: DemoAuto

Usage:
  scrapy <command> [options] [args]

Available commands:
  bench         Run quick benchmark test
  check         Check spider contracts
  crawl         Run a spider
  edit          Edit spider
  fetch         Fetch a URL using the Scrapy downloader
  genspider     Generate new spider using pre-defined templates
  list          List available spiders
  parse         Parse URL (using its spider) and print the results
  runspider     Run a self-contained spider (without creating a project)
  settings      Get settings values
  shell         Interactive scraping console
  startproject  Create new project
  version       Print Scrapy version
  view          Open URL in browser, as seen by Scrapy
```

图 6-2　Scrapy 安装成功

然后在命令行窗口中开启 Python 解释器，运行"import scrapy"命令，如果没有报错，则表示 Scrapy 已成功导入，如图 6-3 所示。

```
Python 3.11.4 | packaged by Anaconda, Inc. | (main, Jul  5 2023, 13:38:37) [MSC v.1916 64 bit (AMD64)] on win32
Type "help", "copyright", "credits" or "license" for more information.
>>> import scrapy
>>>
```

图 6-3　在 Python 中导入 Scrapy

2. 在 Linux 操作系统下安装 Scrapy

与前面在 Windows 操作系统下安装 Scrapy 一样，在 Linux 操作系统下安装 Scrapy 同样需要安装相应的依赖包。

（1）CentOS 和 RedHat

在 CentOS 和 RedHat 中需要安装如下依赖包：

```
sudo yum groupinstall -y development tools
sudo yum install -y epel-release libxslt-devel libxml2-devel openssl-devel
```

然后，使用 pip 安装 Scrapy：

```
pip install Scrapy
```

（2）Ubuntu 和 Debian

在 Ubuntu 和 Debian 中需要安装如下依赖包：

```
sudo apt-get install build-essential python3-dev libssl-dev libxml2 libxml2-dev libxslt1-dev zlib1g-dev
```

然后，使用 pip 安装 Scrapy：

```
pip install Scrapy
```

6.3 Scrapy 组件

6.3.1 Selector

在获取网页数据的过程中，HTML 数据是主要的数据源。因此，在 Selector 中可以使用以下几个常用的工具实现数据的获取。

- BeautifulSoup 是一个十分主流的 HTML 格式文件转换和提取工具。它能够有效地处理和转换 HTML 文件中的不合理标签，因此具备一定的数据清洗和转换能力。也正是因为这个能力，其运行速度稍慢。
- lxml 也是一个解析 HTML 格式文件的常用工具。它不仅可以解析 HTML 文件，还能解析 XML 文件。
- Scrapy 作为一个集合框架，拥有自己的 HTML 文件解析工具——XPath。这个解析工具通过对作用于 HTML 元素之上的 CSS（串联样式表）的结构解析，实现对 HTML 元素的间接选择和解析。

XPath 以文本（对象）为参数，实例化 Selector 类，并根据其内部的优化算法实现对 HTML 和 XML 文件内部结构的解析。其使用方式如下：

```
>>> from scrapy.selector import Selector
>>> from scrapy.http import HtmlResponse
```

从文本构建实例对象的代码如下：

```
>>> text='<html><body><span>testdemo</span></body></html>'
>>> Selector(text=text).xpath('//span/text()').extract()
[u'testdemo']
```

这里假设 URL 所指向的页面结构中包含 text，目的是演示响应数据进一步的处理效果。从响应数据构建实例对象的代码如下：

```
>>> data_response=HtmlResponse(url=url,body=text)
>>> Selector(response=data_response).xpath('//span/text()').extract()
[u'testdemo']
```

响应对象含有一个 selector 属性，完全可以使用这个快捷方式，代码如下：

```
>>> response.selector.xpath('//span/text()').extract()
[u'testdemo']
```

【实例 6-1】以一段 HTML 代码作为案例，进一步介绍如何使用 Selector。这里将使用 Scrapy 的 shell 程序进行交互和测试，以实现 Selector 的使用。

```
<html>
<head>
<base href='http://testdemo.com/'/>
<title>testdemo</title>
</head>
<body>
<div id='pictures'>
<a href='pic1.html'>label：hi pic 1 <br /><img src='pic_1.jpg' /></a>
<a href='pic2.html'>label：hi pic 2 <br /><img src='pic_2.jpg' /></a>
<a href='pic3.html'>label：hi pic 3 <br /><img src='pic_3.jpg' /></a>
<a href='pic4.html'>label：hi pic 4 <br /><img src='pic_4.jpg' /></a>
<a href='pic5.html'>label：hi pic 5 <br /><img src='pic_5.jpg' /></a>
</div>
</body>
</html>
```

1）运行 Scrapy，并指定需要提取数据的 url，具体命令如下：

```
>>>scrapy shell url
```

2）在执行完第一条命令之后，程序将返回获得的响应数据。这时就可以通过应用 response 的 xpath() 方法来实现该 HTML 文件中特定元素的选择和解析，并提取指定元素包含的文本数据。例如，这里获取的是 HMTL 元素中 <title>testdemo</title> 标签中的文本数据。

```
>>>response.xpath('//title/text()')
```

3）XPath 是使用 CSS 作用于 HTML 的，所以还可以使用 css() 方法实现对 CSS 元素的操作。该方法也可以实现快速定位和选择 HTML 元素。这里通过 css() 方法和 xpath() 方法以链式编程的方式选择响应数据中 HTML 元素为 img 的所有元素，并返回到一个数据集合中，再提取出所有 img 元素中属性 src 的值。

```
>>>response.css('img').xpath('@src').extract()
[u'pic_1.jpg',
u'pic_2.jpg',
u'pic_3.jpg',
u'pic_4.jpg',
u'pic_5.jpg']
```

① 这里只有调用 extract() 方法才能获得实际的文本数据。

```
>>> response.xpath('//title/text()').extract()
[u'testdemo']
```

② 可以使用 extract_first() 方法来提取返回结果中第一个元素对应的值。

```
>>>response.xpath('//div[@id="pictures"]/a/text()').extract_first()
u'label: hi pic 1 '
```

③ 可以使用判断语句返回布尔值,表示是否找到指定元素。

```
>>>response.xpath('//span[@id="none"]/text()').extract_first() is none
True
```

④ 可以使用自定义的返回值,表示没有找到特定元素的返回值。

```
>>>response.xpath('//div[@id="none"]/text()').extract_first(default='none')
'none'
```

⑤ 可以使用 CSS 特有的语法结构实现 HTML 元素的定位、选择和操作。这里定位查找标签<title>的 text 值,然后使用 extract() 提取该值。

```
>>>response.css('title::text').extract()
[u'testdemo']
```

⑥ 可以使用 contains() 方法进一步筛选和处理数据,之后再将数据传递给 xpath() 方法和 css() 方法。这里获取标签<a>中包含属性 href 和指定标签<img>的元素。

```
>>>links=response.xpath('//a[contains(@href,"image")]')
>>>links.extract()
[u'<a href="pic1.html">label: hi pic 1 <br /><img src="pic_1.jpg"></a>',
u'<a href="pic2.html">label: hi pic 2 <br /><img src="pic_2.jpg"></a>',
u'<a href="pic3.html">label: hi pic 3 <br /><img src="pic_3.jpg"></a>',
u'<a href="pic4.html">label: hi pic 4 <br /><img src="pic_4.jpg"></a>',
u'<a href="pic5.html">label: hi pic 5 <br /><img src="pic_5.jpg"></a>']
```

⑦ 可以使用 re() 方法通过正则表达式的方式匹配指定的数据。这里在获取了前面所述方法返回的指定元素之后,使用正则表达式匹配所有包含字符串"label:"的"label:"之后的文本值。

```
>>>response.xpath('//a[contains(@href,"image")]/text()').re(r'label:\s*(.*)')
    [u'hi pic 1',
    u'hi pic 2',
    u'hi pic 3',
    u'hi pic 4',
    u'hi pic 5']
```

6.3.2 Spider

Spider 类是网络爬虫具体工作需要用到的类。Spider 类可以指定具体需要爬取的网页 URL 及其所需的参数配置。在分析具体需要爬取的页面结构之后,有针对性地设计所要获取页面的数据内容,Spider 类因此能够以自定义的方式获取指定的数据内容。

网络爬虫的具体工作流程如下:

1) Scrapy 通过网络爬虫器的 Spider 类生成实例化对象,并使用其该对象成员的方法 start_requests() 处理所需要生成的请求。start_requests() 方法不仅可以生成网络爬虫拟访问网页的请求,还能够进一步通过调用回调函数,循环地把每次请求之后的响应数据作为参数完成进一步处理。

2) 每次请求返回的响应数据都会被回调函数作为参数进行解析。整个解析过程使用前面介绍过的各种解析工具——BeautifulSoup、lxml 和 XPath 等进行。

3) 经过解析之后的数据将被转换成条目数据,并传递到条目管道中做持久化处理。

与所有的面向对象设计思想一样,在 Scrapy 中建立网络爬虫请求对象,就必须继承其 Spider 类。这个 Spider 类提供了一个 start_requests() 方法,所有继承它的子类都必须实现该方法。该方法中还包含一些重要的属性或方法,用来配置生成的网络爬虫对象,具体内容如下:

1. name

该属性是每一个网络爬虫对象特有的标识符,即对象名。这是帮助 Scrapy 在生成的多个网络爬虫对象集合中快速找到指定网络爬虫对象的必要标识符。因此,该属性的值是网络爬虫的唯一值。

2. allowed_domains

该属性规定了网络爬虫的工作范围。该属性指向的数据结构是一个字符串列表,因此该属性的值是一个可变长度的可选参数。网络爬虫的所有请求对象都包含在该工作范围及其子范围中。

3. start_urls

该属性明确指定了网络爬虫首先开始爬取的 URL 列表对象。该属性是整个 Scrapy 框架运行的头部,其返回的结果会直接被后续组件传递和使用。

4. custom_settings

该属性可以满足用户的自定义设置需求。主要作用是针对指定的网络爬虫,以自定义的方式修改 Scrapy 默认的全局配置文件。

5. crawler

该属性是一个实例化之后的网络爬虫对象。该对象将作为参数和其特定的配置信息绑定在一起被传入 from_crawler() 方法,然后在调度器中与其他网络爬虫对象一起使用。

6. settings

该属性能够指定调用 Scrapy 默认的全局配置文件中的指定配置信息,实现自定义配置功能。

7. logger

该属性能够使用指定的网络爬虫对象名称,创建该对象运行过程中的日志数据对象。通过该对象可以了解当前网络爬虫对象的运行状态。

8. start_requests( )

该方法是一个迭代方法。它具有两个作用：一是创建一个网络爬虫的请求对象，并以此对象作为整个 Scrapy 框架的起点；二是通过将前一个请求返回的每个响应数据作为参数，传递给后面的回调函数，实现一次调用多次运行的效果。

```
class MySpider(scrapy.Spider):
    name = 'myspider'
    def start_requests(self):
        return [scrapy.FormRequest("http://www.testdemo.com/login",
                                    formdata={'user': 'john', 'pass': 'secret'},
                                    callback=self.logged_in)]
    # 回调函数，用于迭代运行该网络爬虫的后续请求
    def logged_in(self, response):
        pass
```

9. parse(response)

在没有自定义的回调函数时，Scrapy 使用默认的 parse(response) 作为回调函数，用于处理返回的响应数据。

10. closed(reason)

该方法是一个用于结束网络爬虫的接口。该接口可以实现自定义条件，以传递网络爬虫结束信号。

【实例 6-2】从一个回调函数中返回多个请求和项目。

```
import scrapy
class MySpider(scrapy.Spider):
    name = 'testdemo.com'
    allowed_domains = ['testdemo.com']
    start_urls = [
        'http://www.testdemo.com/1.html',
        'http://www.testdemo.com/2.html',
        'http://www.testdemo.com/3.html',
    ]
    # 使用默认的回调函数 parse 获取响应数据的 url 值
    def parse(self, response):
        self.logger.info('A response from %s just arrived!', response.url)


import scrapy
class MySpider(scrapy.Spider):
    name = 'testdemo.com'
    allowed_domains = ['testdemo.com']
```

```
        start_urls = [
            'http://www.testdemo.com/1.html',
            'http://www.testdemo.com/2.html',
            'http://www.testdemo.com/3.html',
        ]
        # 使用默认的回调函数 parse 获取响应数据,并使用 for 循环和 xpath 方法获取数据
        def parse(self, response):
            # 使用 for 循环和 xpath 抽取指定标签 h3 的数据
            for h3 in response.xpath('//h3').extract():
                yield {"title": h3}
            # 使用 for 循环和 xpath 抽取指定标签 a 的 href 属性
            for url in response.xpath('//a/@href').extract():
                yield scrapy.Request(url, callback=self.parse)
```

6.3.3 Downloader Middleware

Downloader Middleware 即下载器中间件,它可以在网络爬虫爬取指定网页前对网络爬虫的爬取策略和信息进行全局或局部的设置,具体包括 User-Agent 的信息、网页重定向、失败处理以及 Cookies 信息等。下载器中间件的这些强大功能,极大地提升了网络爬虫的可靠性和可用性。

下载器中间件的使用方式极为简单,就是通过配置一个 dict(字典)数据对象 DOWNLOADER_MIDDLEWARES,以键值对的形式自定义其所要实现的具体功能配置(这些功能配置都是以常量名的形式内置在 Scrapy 框架中的)。

```
DOWNLOADER_MIDDLEWARES = {
    'myproject.middlewares.CustomDownloaderMiddleware': 543,}
```

这里的键(CustomDownloaderMiddleware)表示拟实现功能的名称,值(543)表示该功能在 Scrapy 引擎中的运行优先级,值越小,优先级越高。

除了使用 DOWNLOADER_MIDDLEWARES 自定义局部配置之外,还可以使用 DOWNLOADER_MIDDLEWARES_BASE 进行全局配置。这两种涉及不同范围的配置可以满足不同的需求——网络爬虫对象的下载器中间件配置从局部自定义到全局共享,并且所有的配置都是基于优先级而有序调用的。

下载器中间件本身是一个类,因此其使用方式也是基于面向对象设计思想的,其成员方法包括以下内容。

1. process_request(request, spider)

该方法用于处理所有来自调度器或下载器的请求或响应数据。在所有网络爬虫请求被下载器具体执行之前(用于处理请求数据)或之后(用于处理响应数据),请求和响应数据都必须调用该方法。其中参数 request 是具体的请求对象,spider 是具体的网络爬虫对象。该方法会根据不同的返回值,决定下一步处理方式。

1)如果返回的值是 None,则将继续执行该方法,直到该方法被执行完毕为止,并且将返回结果作为 process_response() 的输入。

2）如果返回的值是请求数据，则该方法将把新的请求对象传递给调度器，让调度器具体安排新请求对象的使用顺序。

3）如果返回的值是响应数据，则该方法认为下载器已经成功获取了请求之后的响应数据，因而调用 process_response( ) 方法处理响应数据。

4）如果返回的值是 IgnoreRequest 异常，则该方法调用专门处理异常数据的 process_exception( ) 方法。

总之，process_request( ) 方法会对来自调度器的请求数据和来自下载器的响应数据根据条件做出判断，并决定具体的操作。

2. process_response(request, response, spider)

与前面的 process_request( ) 方法类似，该方法也会根据不同的返回值选择不同的处理方式。该方法是在下载器成功获得响应数据之后，根据其响应数据的类型做出判断和操作的。

1）如果返回的值是响应数据，则继续调用本身，做递归处理。

2）如果返回的值是请求数据，则与前面的 process_request( ) 方法一样，将其传递给调度器。

3）如果返回的值是 IgnoreRequest 异常，则调用 process_exception( ) 方法。

3. process_exception(request, exception, spider)

该方法专门用来处理下载器中间件的各种异常，并将处理后的不同类型的返回结果传递给不同的组件。

1）如果返回的值是 None，则该方法将继续处理该异常，直到该异常被处理完为止。

2）如果返回的值是请求数据，则该方法会将其传递给调度器处理。

3）如果返回的值是响应数据，则该方法会将其传递给 process_response( ) 方法处理。

4. from_crawler(cls, crawler)

该方法的主要作用是将当前网络爬虫的数据和下载器中间件统一封装，并返回一个新的实例对象。这样做的目的是，既可以融合某个特定网络爬虫对象以实现个性化，又可以加入下载器中间件的对象元素。这个新对象能够访问 Scrapy 的所有重要接口，实现与 Scrapy 核心组件的交互。

6.3.4　Item Pipeline

Item Pipeline 即条目管道，它能够接收并处理来自网络爬虫的条目数据。条目管道会对条目数据做一系列清洗和存储操作，包括清洗数据中的无效值、缺失值、空值等，还能对数据进行验证、判断和去重，并将处理之后的数据存储到数据库中。

1. 条目管道的方法

条目管道包括以下几个方法。

（1）process_item(self, item, spider)

该方法是条目管道中的主要方法，用于处理来自网络爬虫的条目数据。其返回值是根据当前具体的数据清洗要求自定义的。在将最后的结果导入数据库之前，该方法可以作为数据清洗的工具。

（2）open_spider(self, spider)

该方法用于打开当前的网络爬虫。

（3）close_spider(self,spider)

该方法用于关闭当前的网络爬虫。

（4）from_crawler(cls,crawler)

该方法的主要作用是将当前网络爬虫的数据和条目管道中间件统一封装，并返回一个新的实例对象。这样做的目的是，既融合了某个特定网络爬虫对象以实现个性化，也加入了条目管道中间件的对象元素。这个新对象能够访问 Scrapy 的所有重要接口，实现与 Scrapy 核心组件的交互。

【实例 6-3】使用 process_item( ) 方法获取指定条目数据中的 price 字段值，判断其是否为空，并对其做赋值和删除空值操作。

```
from scrapy.exceptions import DropItem
class PriceCheck(object):
    vat_factor = 1.15
    def process_item(self, item, spider):
        if item['price']:
            if item['price_excludes_vat']:
                item['price'] = item['price'] * self.vat_factor
            return item
        else:
            raise DropItem("没有价格 in %s" % item)
```

【实例 6-4】将网络爬虫传递过来的条目数据保存到单个 items.js 文件中，每行包含一个 JSON 格式序列化的项目。

```
import json
class JsonWrite(object):
    def open_spider(self, spider):
        self.file = open('items.js', 'w')
    def close_spider(self, spider):
        self.file.close()
    def process_item(self, item, spider):
        line = json.dumps(dict(item)) + "\n"
        self.file.write(line)
        return item
```

在使用条目管道之前，必须启用 ITEM_PIPELINES 的配置项。这里的键包含当前的项目名 myproject 和类名 PriceCheck、JsonWrite，值表示当前的执行优先级。值的范围是 0~1000。

```
ITEM_PIPELINES = {
    'myproject.pipelines.PriceCheck': 300,
    'myproject.pipelines.JsonWrite': 800,}
```

连接 MySQL，并将数据插入到指定数据库中。

【实例 6-5】首先创建一个名为 testdb 的数据库,然后在该数据库中创建一个表 testtbl。使用 SQL 语句生成该表。

```sql
CREATE TABLE testtbl( name VARCHAR(255) NULL, type VARCHAR(255) NULL)
```

最后,实现一个类 MysqlPipeline,代码如下:

```python
class MysqlPipeline():
    def __init__(self, host, database, user, password, port):
        self.host = host
        self.database = database
        self.user = user
        self.password = password
        self.port = port

    def from_crawler(cls, crawler):
        return cls(
            host = crawler.settings.get('MYSQL_HOST'),
            database = crawler.settings.get('MYSQL_DATABASE'),
            user = crawler.settings.get('MYSQL_USER'),
            password = crawler.settings.get('MYSQL_PASSWORD'),
            port = crawler.settings.get('MYSQL_PORT')
        )

    def open_spider(self, spider):
        self.db = pymysql.connect(self.host, self.user, self.password,
            self.database, charset='utf-8', port=self.port)
        self.cursor = self.db.cursor()
    def close_spider(self, spider):
        self.db.close()

    def process_item(self, item, spider):
        data = dict(item)
        keys = ','.join(data.keys())
        values = ','.join(['%s'] * len(data))
        sql = 'insert into %s (%s) values (%s)' % (item.table, keys, values)
        self.cursor.execute(sql, tuple(data.values()))
        self.db.commit()
        return item
```

在完成了上面的命令之后,在 settings.py 中配置以下关键信息:连接 MySQL 的主机位置、数据库名字、用户名及密码、数据库使用的端口号。

```python
MYSQL_HOST = 'localhost'
MYSQL_DATABASE = 'testdb'
```

```
MYSQL_USER = 'root'
MYSQL_PASSWORD = '数据库密码'
MYSQL_PORT = '3306'
```

2. 条目管道的文件操作

在条目管道中可以根据不同的文件类型执行不同的操作。例如要提取文件可以使用文件管道（Files Pipeline），要提取图像数据可以使用图像管道（Images Pipeline）。同时，条目管道还能够在多个条目中自动判断和优化包含相同 URL 的数据，并将其作为多个条目数据的共享数据。这样做的目的是优化性能，避免内存和网络资源的重复使用。

（1）文件管道

当网络爬虫将一个条目数据传递给文件管道时，该条目数据中应包含待获取的文件数据的 URL。这时，文件管道将该 URL 作为请求数据传递给调度器、下载器中间件和下载器，重复所有其他网络爬虫的请求操作，但是比普通的网络爬虫请求的优先级高。因为此时的 Scrapy 业务流程已经到了条目管道环节，即将完成数据的业务流程，所以应该保证这些任务优先完成。下载器将优先执行来自文件管道的 URL 请求数据。在文件数据下载过程中，文件管道对下载任务进行了"加锁"操作，保证其不被外部操作影响。

文件管道的配置方法如下：

```
ITEM_PIPELINES = {'scrapy.pipelines.files.FilesPipeline': 1}
```

配置文件数据保存位置的方法如下：

```
FILES_STORE = '/path/dir'
```

（2）图像管道

图像管道的操作与前面的文件管道的操作类似，不同的是，图像管道可以配置图片的处理方式：返回缩略图或指定图像大小等。这里需要额外注意的是，在使用图像管道时，需要下载图形依赖库 Pillow。

与文件管道一样，在使用图像管道之前，也需要打开其配置文件 item_pipeline。

图像管道的配置方法如下：

```
ITEM_PIPELINES = {'scrapy.pipelines.images.ImagesPipeline': 1}
```

配置图像数据保存位置的方法如下：

```
IMAGES_STORE = '/path/dir'
```

（3）以自定义的方式重写文件和图像数据的获取方法

这里主要介绍两个重写方法：get_media_requests(self, item, info) 和 item_completed(self, results, item, info)。

1) get_media_requests(self, item, info)。

该方法用于从条目中获取文件或图像数据的 URL，并将获取的 URL 包装成请求对象，传递给下载器以优先下载。

```python
def get_media_requests(self, item, info):
    for file_url in item['file_urls']:
        yield scrapy.Request(file_url)
```

该方法的返回结果不仅包含下载的文件或图像数据，还包括元组列表。返回的数据类型将是包含 success 和 file_info_or_error 两个元素的元组列表。其中，success 是布尔类型数据，表示成功或失败。file_info_or_error 是字典类型数据，包含（成功时）文件或图像的 URL、文件或图像存储的路径（path）和图像的 MD5 散列值（checksum），或（失败时）失败数据信息。不管下载成功还是失败，该元组列表的数据都将被传递给 item_completed(results, item, info) 方法。

2）item_completed(results, item, info)。

该方法的主要作用是根据 get_media_requests(self, item, info) 的返回值，通过调用 FilesPipeline.item_completed() 方法和 ImagesPipeline.item_completed() 方法对获取的文件和图像数据的条目进行处理，包括循环和判断条目的数据项并实现行级和字段级数据的清洗操作。

【实例 6-6】通过循环提取图像的 URL，实现图像数据的请求、判断和删除操作。具体实现了 image_urls 的循环提取和判断，生成 Request 请求对象，并进一步获取和判断每个 image_urls 请求对象的返回值 results['path']，实现对包含无效 image_paths 的 item 的删除操作。

```python
import scrapy
from scrapy.pipelines.images import ImagesPipeline
from scrapy.exceptions import DropItem
class MyImagesPipeline(ImagesPipeline):
    def get_media_requests(self, item, info):
        for image_url in item['image_urls']:
            yield scrapy.Request(image_url)
    def item_completed(self, results, item, info):
        image_paths = [x['path'] for ok, x in results if ok]
        if not image_paths:
            raise DropItem("Item contains no images")
        item['image_paths'] = image_paths
        return item
```

6.4 任务实现：业务网站数据采集

6.4.1 页面分析

本任务使用 Scrapy 爬虫框架创建一个 Scrapy 项目，编写网络爬虫获取业务网站的文章标题和内容数据（见图 6-4），并将数据输出为 JSON 格式，同时保存到 MySQL 数据库中。

6.4.1 页面分析

6.4.2 数据获取

1）在操作系统控制台或 PyCharm 控制台中使用命令 "scrapy startproject DemoAuto"，创建一个名为 DemoAuto 的项目。其中，"scrapy

6.4.2 数据获取

图 6-4 业务网站的文章标题和内容数据

startproject"为创建项目的固定语句,"DemoAuto"为自定义的项目名称,如图 6-5 所示。

图 6-5 创建 DemoAuto 项目

2)通过观察可以发现,该项目被创建在 C:\Users\ad\PycharmProjects\scrapy_project\DemoAuto 路径下,因此使用 PyCharm 将其打开。

打开之后,即可看见 DemoAuto 的项目目录,包括 spiders、items.py、middlewares.py、pipelines.py、settings.py 等,如图 6-6 所示。

DemoAuto:项目目录下各项的含义如下:

- DemoAuto:该项目的名称。
- spiders:放置 spider 代码的目录,用于自定义爬虫的位置。
- __init__.py:初始化当前项目时需要执行的方法。
- items.py:操作条目数据的文件。
- middlewares.py:操作下载中间件和爬虫中间件的文件。
- pipelines.py:操作条目管道的文件。
- settings.py:项目的设置文件。
- scrapy.cfg:项目的配置文件。
- External Libraries:配置该项目的外部引用库。

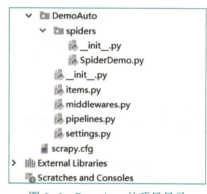

图 6-6 DemoAuto 的项目目录

3)选择"File"→"Settings"菜单命令,如图 6-7 所示。

图 6-7 选择 "Settings" 菜单命令

4）在弹出的如图 6-8a 所示 "Settings" 对话框的左侧依次选择 "Project：DemoAuto" → "Python Interpreter"，单击 "Add Interpreter" 按钮，弹出如图 6-8b 所示对话框，选择 anaconda 的包环境即可。这样就完成了 Scrapy 项目的建立和 anaconda 包环境的配置，结果如图 6-8c 所示。

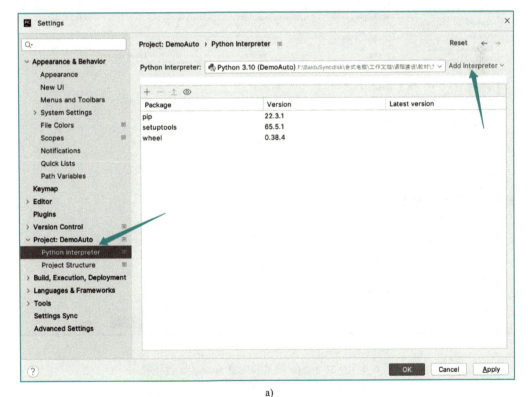

a)

图 6-8 建立 Scrapy 项目和配置 anaconda 包环境

a）新建 Python Interpreter

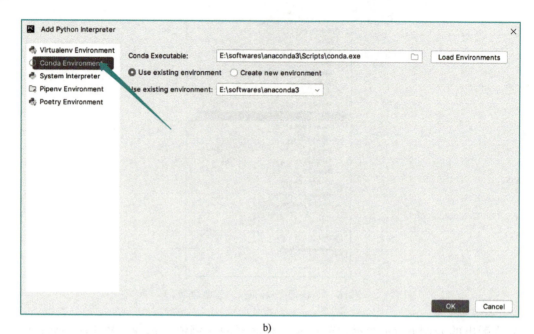

b)

c)

图 6-8　建立 Scrapy 项目和配置 anaconda 包环境
b）设置具体 anaconda 环境　c）完成结果

5）在工程文件的 spiders 目录下创建一个名为 SpiderDemo.py 的文件。该文件的作用是编写自定义的爬虫代码，其代码如下：

```python
# 导入 scrapy 模块
import scrapy

# 导入本地 DemoAuto.items 中的 DemoautoItem 模板用于存储指定的数据

from DemoAuto.items import DemoautoItem
# 自定义一个类,并将 scrapy 模块的 Spider 类作为参数传入。scrapy.Spider 类是最顶层的 Spider 类,
# 所有的网络爬虫对象都会继承它

class DemoScrapy(scrapy.Spider):

    # 设置全局唯一的 name,作为启动该 Spider 类时的识别名称

    name = 'DemoAuto'

    # 填写爬取地址,作为该 Spider 类第一次爬取的 URL

    start_urls = ['https://www.autohome.com.cn/all/#pvareaid=3311229']

    # 编写自定义爬取的 parse(self, response) 方法
    # self 和 response 参数分别表示当前使用该方法的网络爬虫对象和 start_urls 返回的响应数据

    def parse(self, response):

        # 实例化一个容器 item,并保存爬取的信息

        item = DemoautoItem()

        # 使用 xpath() 方法查找 start_urls 的页面数据,并通过 for 循环语句遍历返回的响应数
        # 据。//*[@id="auto-channel-lazyload-article"]/ul/li/a 表示当前页面中的 div 元素
        # 该 div 元素包含本项目所需文章标题和正文内容

        for div in response.xpath('//*[@id="auto-channel-lazyload-article"]/ul/li/a'):

            # 获取指定的标题和内容,并赋值给 item 容器的两个字段。这里使用了 extract()[0].
            # strip() 表示在循环中每次只抽取第一个元素的内容,并除去左右空格

            item['title'] = div.xpath('.//h3/text()').extract()[0].strip()

            item['content'] = div.xpath('.//p/text()').extract()[0].strip()

            # 返回 item

            yield item
```

6）items.py 用于实例化数据模型 item，代码如下：

```python
# 导入 scrapy 模块
import scrapy
# 声明 DemoautoItem 类用于定义和保存网络爬虫爬取数据的字段名
# 声明 DemoautoItem 类的参数 scrapy.Item 表示导入了 scrapy 模块的 Item 类

class DemoautoItem(scrapy.Item):

    # 保存标题。这里使用 scrapy.Field()方法创建 title 和 content 两个字段模型给 item

    title = scrapy.Field()

    content = scrapy.Field()

    pass
```

7）pipelines.py 用于处理数据的存储。定义 DemoautoPipeline 类用于条目数据的读写和数据类型转换，代码如下：

```python
# 导入 json 模块
import json
# 自定义一个名为 DemoautoPipeline 的类，并传入一个 object 参数
class DemoautoPipeline(object):
    # __init__(self)方法是 DemoautoPipeline 类内置方法
    # 当该类被初始化时，__init__(self)方法必须被执行
    def __init__(self):
        # open()方法打开文件 data.json，并且以写入的方式操作该文件
        # 如果没有创建该文件，则自动创建，并使用 utf-8 作为字符集编码格式
        self.file = open('data.json', 'w', encoding='utf-8')

    # process_item()方法用于处理条目数据
    def process_item(self, item, spider):
        # 使用 json 模块的 dumps()方法处理条目数据
        # dict(item)方法表示将条目数据转换为字典类型数据
        line = json.dumps(dict(item), ensure_ascii=False) + "\n"
        # 将条目数据写入文件 data.json
        self.file.write(line)
        # 返回 item
        return item

    # open_spider()方法用于启动当前的网络爬虫对象
    def open_spider(self, spider):
        pass
```

```
# close_spider() 方法用于关闭当前的网络爬虫对象
def close_spider(self, spider):
    pass
```

8）至此已经完成了一个简单的 Scrapy 爬虫的编写。在控制台中使用"scrapy crawl DemoAuto"命令运行一下，结果如图 6-9 所示。

```
{'content': '[汽车之家 新鲜技术解读]'
            '保时捷可变几何截面涡轮（VTG），奔驰48V电子涡轮（eBooster），这些耳熟能详的"黑科技"涡轮增压器，其实都来自...',
 'title': '受F1赛车启发 全新博格华纳涡轮增压器'}
2018-12-27 00:18:16 [scrapy.core.scraper] DEBUG: Scraped from <200 https://www.autohome.com.cn/all/>
{'content': '[汽车之家 初步海选]'
            '如果预算在20万左右，想买到豪华品牌新车可能吗？随着BBA纷纷将旗下入门车型引入国内生产，如今在20-30万这一价格区间内...',
 'title': '20万的豪华定义 豪华品牌紧凑型车海选'}
2018-12-27 00:18:16 [scrapy.core.scraper] DEBUG: Scraped from <200 https://www.autohome.com.cn/all/>
{'content': '[汽车之家 行业]'
            '自前段时间停发工资、资金不足等负面传闻曝出后，奇点汽车并未对此做出官方回复，只有奇点汽车市场部对于媒体的问询简单表达了"目前发展...',
 'title': '力保奇点 铜陵经开区从幕后走向前台'}
2018-12-27 00:18:16 [scrapy.core.scraper] DEBUG: Scraped from <200 https://www.autohome.com.cn/all/>
{'content': '[汽车之家 行情分析]'
            '年底了，又到了年终总结盘点的时候。对于想在新年时节购买一台SUV的朋友来说，这篇降价盘点文章应该会对您有所帮助，因为此次选择...',
 'title': '最高降2.8万 6款热门紧凑型SUV购车盘点'}
2018-12-27 00:18:16 [scrapy.core.scraper] DEBUG: Scraped from <200 https://www.autohome.com.cn/all/>
{'content': '[汽车之家 原创试驾]'
            '丰田卡罗拉是一款风靡全球的家庭轿车，同时也是中国紧凑型车市场上的一棵常青树，2015年推出混动版本之后更是饱受好评，只是混动...',
 'title': '更适合中国市场 试驾丰田卡罗拉双擎E+'}
2018-12-27 00:18:16 [scrapy.core.scraper] DEBUG: Scraped from <200 https://www.autohome.com.cn/all/>
{'content': 'p.p1 {margin: 0.0px 0.0px 5.0px 8.0px; line-height: 16.0px; font: '
            '14.0px Si...',
```

图 6-9 "scrapy crawl DemoAuto" 运行结果

6.4.3 数据持久化保存

在获得了指定的数据之后，现在需要将数据持久化保存到 MySQL 数据库中。先在 MySQL 中创建一个名为 file123 的数据库以及名为 table123 的数据表。数据表中包含 title、content 字段，如图 6-10 所示。

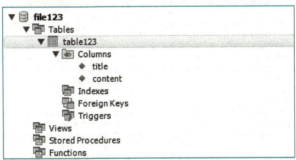

图 6-10 创建数据库和表

1）在 pipelines.py 中定义 MySQLPipeline 类，用于将数据持久化保存到 MySQL 数据库中，代码如下：

```
# 导入 pymysql 模块
import pymysql
```

```python
# 定义dbHandle()方法用于连接MySQL数据库
def dbHandle():
    conn = pymysql.connect("localhost","root","密码","数据库名")
    return conn

# 定义MySQLPipeline类用于连接MySQL数据库,实现读写
class MySQLPipeline(object):
    # process_item()方法用于处理条目数据
    def process_item(self, item, spider):
        # 调用dbHandle()方法用于连接MySQL数据库
        dbObject = dbHandle()
        # 调用dbObject的cursor()方法实现初始化数据库游标
        # 该游标用于保存操作数据库的命令
        cursor = dbObject.cursor()
        # 定义操作数据库的SQL语句,实现对数据表table123中title和content字段的插入
        sql ='insert into table123(title,content) values (%s,%s)'
        # 使用try except语句捕捉程序异常
        try:
            # 使用execute()方法执行游标
            cursor.execute(sql,(item['title'],item['content']))
            # 使用commit()方法确认并且执行操作数据库的命令
            dbObject.commit()
        except :
            # 使用rollback()方法,在程序发生异常时能够回滚当前的数据库操作
            dbObject.rollback()
        return item
```

将数据存入MySQL数据库的结果如图6-11所示。

图6-11 将数据存入MySQL数据库的结果

2）在编写好 DemoAutoPipelines.py 和 MySQLPipelines.py 文件之后，还需要在 settings.py 文件中进行配置。这里的数字范围为 1～1000，表示 Pipeline 执行的优先级，数字越小优先级越高（优先被 Scrapy 引擎执行）。代码如下：

```
ITEM_PIPELINES = {
    'DemoAuto.pipelines.DemoautoPipeline': 300, #保存到文件中
    'DemoAuto.pipelines.MySQLPipeline': 300, #保存到 MySQL 数据库中
}
```

至此已实现了使用 Scrapy 爬取业务网站的文章标题和内容数据，并将数据输出为 JSON 格式，保存到 MySQL 数据库中。

6.5 小结

通过本章的学习，读者可以了解 Scrapy 爬虫框架的工作原理、安装过程以及各组件的基本作用、用法，能够使用 Scrapy 爬虫框架创建一个 Scrapy 项目，编写网络爬虫爬取业务网站的指定数据，并将数据输出为 JSON 格式，保存到 MySQL 数据库中。

6.6 习题

1. 根据自己的设备环境，安装 Scrapy。
2. 使用 Scrapy 创建项目，爬取网站的页面数据，并保存到 MySQL 数据库中（网站可自行指定）。

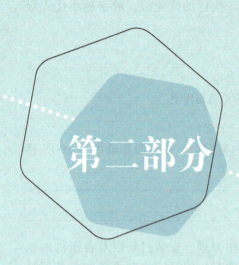

第二部分 综合案例

任务 7　数据采集与可视化案例

学习目标

- 分析业务网站二手房的网页结构和内容
- 使用 requests 库编写爬虫代码，获取指定数据
- 使用 lxml 实现数据的解析
- 使用 pymysql 库实现数据的持久化
- 使用 flask 和 echarts 实现数据可视化

本任务将结合前几章介绍的主要技术，综合介绍数据采集与可视化案例。本任务通过 requests 库自定义编写爬虫代码，获取网站内指定数据，并通过 BeautifulSoup 库实现对数据的解析，然后使用 pymysql 库实现数据的持久化操作，最后，使用 Flask 和 ECharts 实现数据可视化。在本章的末尾提供几种数据预处理方法的示例，方便读者根据自己的需要对数据做进一步处理。

7.1　任务描述

对二手房房屋信息的数据进行采集分析与可视化，有助于购房者多维度直观地了解房屋的综合价值，增强购房者选购房屋的精准性，从而满足购房者的合理住房需求。

本任务通过分析业务网站二手房的网页结构和内容，使用 requests 库和 BeautifulSoup 库编写自定义爬虫代码，解析和获取字段为地区（region）、户型（house_type）、面积（area_list）、装修类型（decorate_type）、楼层（floor_type）、房屋类型（building_type）、售价（total_price）、单价（avg_price）的数据。最后，使用 pymysql 库在 MySQL 数据库管理系统中创建指定的数据库 test 和数据表 lianjia，实现数据的持久化存储。

7.2　数据可视化技术

7.2.1　Flask 概述

Flask 由 Armin Ronacher 开发，是 Python 的 API，允许用户构建 Web 应用程序。Flask 的框架比 Django 的框架更明确，也更易于学习，因为用它实现简单 Web 应用程序的基础代码更少。Web 应用程序框架或 Web 框架是模块和库的集合，可帮助开发人员编写应用程序，而无须编写协议、线程管理等低级代码。Flask 基于 WSGI（Web 服务器网关接口）工具包和 Jinja2 模板引擎。

WSGI 已被作为 Python Web 应用程序开发的标准。WSGI 是 Web 服务器和 Web 应用程序之

间通用接口的规范。

Werkzeug 是一个 WSGI 工具包，它实现了请求、响应对象和其他实用功能。这使得能够在其之上构建 Web 框架。

Jinja2 是一个流行的 Python 模板引擎。Web 模板系统将模板与特定数据源结合起来以呈现动态网页。

接下来创建一个简单的 Flask 应用，保存为 flask_test.py，Flask 中的 route( ) 装饰器用于将 URL 绑定到 hello_world 函数，函数的返回值最终会显示在网页中。

```python
from flask import Flask

app = Flask(__name__)
@app.route('/')
def hello_world():
    return 'Hello World'
if __name__ == '__main__':
    app.run()
```

在 PyCharm 中运行 flask_test.py，得到如图 7-1 所示的输出界面。

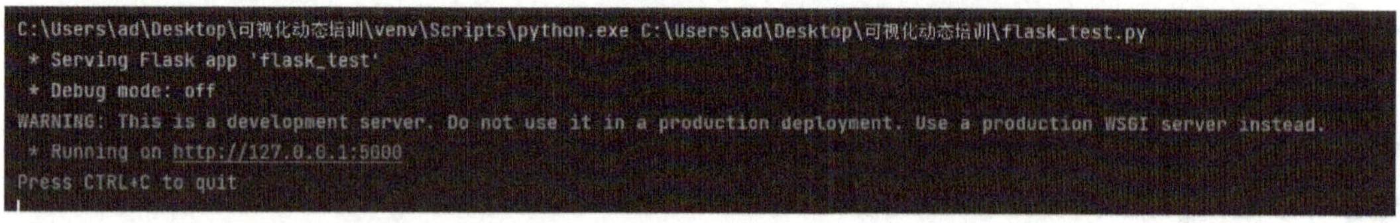

图 7-1　flask_test.py 输出界面

打开 Chrome 浏览器，在地址栏输入 http://127.0.0.1:5000/，将看到网页上显示"Hello World"，如图 7-2 所示，这说明 Flask 运行成功。

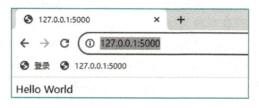

图 7-2　Flask 运行成功

7.2.2　ECharts 概述

Apache ECharts 是一个免费的、功能强大的图表和可视化库，提供了一种向商业产品添加直观、交互式和高度可定制的图表的简单方法。它是用 JavaScript 编写的，基于 ZRender，是一个全新的轻量级画布库。

ECharts 提供了常规的折线图、柱状图、散点图、饼图、K 线图，用于统计的箱形图，用于地理数据可视化的地图、热力图、等高线图，用于关系数据可视化的关系图，用于多维数据可视化的平行坐标，还有用于商业智能（BI）的漏斗图、仪表盘，并且支持图与图之间的"混搭"。

7.3 任务实现：业务网站二手房数据采集与可视化

7.3.1 页面分析

7.3.1 页面分析

根据前面的任务描述，可以知道本任务的具体需求（包括技术需求和数据需求），这是第一步。接下来将对页面结构和内容进行深度的分析，目的是找到业务网站二手房网页中与具体需求相关的业务逻辑和业务数据。如图 7-3 所示，该页面能够清楚地展示二手房的相关信息，包括地区、户型、面积、装修类型、楼层、房屋类型、售价、单价等信息。因此，该爬虫案例使用的 URL 将是这种二手房相关信息的页面。

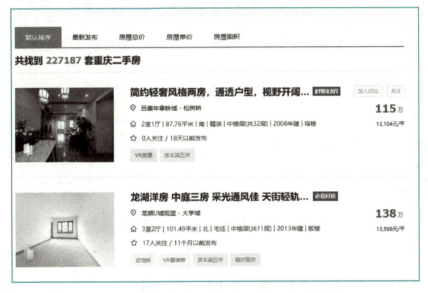

图 7-3　业务网站二手房网页数据

1）鼠标右键单击页面的房屋位置（比如"松树桥"），出现快捷菜单，如图 7-4 所示。

图 7-4　鼠标右键单击"松树桥"链接控件的菜单选项

2）选择"检查"命令，Chrome 浏览器会呈现自带的"开发者工具"，并将焦点指向该"松树桥"链接控件所在的具体 HTML 页面结构。这里旨在获取该"松树桥"链接控件所属的标签在页面内容中的 class 属性值"positionInfo"，如图 7-5 所示。

图 7-5　获取"松树桥"链接控件所属标签的 class 值

到此，根据任务需求，使用 Chrome 浏览器访问并分析了业务网站二手房网页的"松树桥"链接控件在该页面中的具体位置、状态及其 class 属性值，为下一步编写代码找准了目标。"松树桥"是二手房的位置信息，由于其是链接控件，因此通过在快捷菜单点击"检查"可以找到具体位置。但二手房的户型、售价等信息不是控件，无法通过"检查"来定位。

3）为了定位二手房的其他信息，可以使用 Chrome 浏览器的"开发者工具"的搜索功能来定位。比如需要定位二手房的房价信息，如图 7-6 所示，在搜索栏中输入"115"，可以定位房价信息。

图 7-6　定位二手房的房价信息

4）进一步获取售价所属标签在页面内容中的 class 属性值——"totalPrice totalPrice2"，如图 7-7 所示。

图 7-7　获取售价所属标签的 class 值

二手房的户型、面积、装修类型、楼层、房屋类型、单价等其他信息可以通过同样的方法搜索，从而获得准确的位置，以及相应的 class 值。

7.3.2 数据获取

7.3.2 数据获取

对业务网站二手房网页进行分析之后，来获取业务网站二手房网页中地区（region）、户型（house_type）、面积（area_list）、装修类型（decorate_type）、楼层（floor_type）、房屋类型（building_type）、售价（total_price）、单价（avg_price）的静态数据。现在就可以开始使用 requests 库编写自定义爬虫代码直接获取该部分的静态数据了。

1）导入爬虫代码所需要的 requests 库，用于获取 URL 的页面响应数据，实现数据的精确定位和操作。

```
import requests
```

2）构造爬虫代码请求该 URL 的 Headers 头部信息。在开发者工具的 "Network" 选项卡的 "Headers" 中得到该 URL 的 Headers 头部信息。

```
headers = {
    'User-Agent': 'Mozilla/5.0 (Windows NT 10.0; Win64; x64) AppleWebKit/537.36 (KHTML, like Gecko) Chrome/74.0.3729.108 Safari/537.36'
}
```

3）声明变量 url，用于获取指定的待爬取 URL。这里将业务网站二手房页面的 URL 赋值给 url。

```
url = 'https://cq.lianjia.com/ershoufang/#d#'
temp_url = url.replace("#d#", f"pg{idx}")
```

4）声明变量 response 用于获取 requests 库的 get()方法，从上一步指定的 url 和 headers 中获取页面响应数据。

```
response = requests.get(url, headers=headers)
```

5）使用 BeautifulSoup 库解析页面，进一步精确获取相应的 class 值。

```
soup = BeautifulSoup(response.text, "html.parser")
lis = soup.find('ul', class_='sellListContent')
```

6）使用 for 循环语句遍历各个 <div> 标签，以获取所有 <div> 标签中相应 class 值的静态数据，包括地区、户型、面积、装修类型、楼层、房屋类型、售价、单价等数据。

通过分析 <div> 的结构和内容可以发现，本任务所需的数据位于 <div> 标签的不同位置。因此，这里需要获取每一个 <div> 标签中指定 class 的内容。以房屋信息为例，需要获取 class 值为 "houseInfo" 的内容，即 "2 室 1 厅 | 87.76 平米⊖ | 南 | 精装 | 中楼层（共 32 层）| 2008 年建 | 塔楼"，如图 7-8 所示。

由于 "houseInfo" 中整合了户型、面积、装修类型、楼层、房屋类型等信息，因此需要对该信息进行进一步分离，从而得到单独的数据。"houseInfo" 爬取代码如下：

⊖ 平米即平方米的简称；平方米也可简称为平。

图 7-8 获取 class 值为 "houseInfo" 中的内容

```
xxs = lis.find_all('div',class_='houseInfo')
    # print(type(xxs))
    for a in xxs:
        # list1 = []
        xx = a.text.replace(' ','').replace('(','_').replace(')','').split('|')

        # print(xx)
        # area_list.append(xx)
        house_type.append(xx[0])
        area_list.append(xx[1])
        decorate_type.append(xx[3])
        floor_type.append(xx[4])
        building_type.append(xx[-1])
```

二手房的地区、售价及均价等信息可以通过同样的方法，爬取相应的数据。到此，使用 requests 库和 BeautifulSoup 库编写自定义爬虫代码实现了对业务网站二手房页面的静态数据的获取。完整代码如下：

```
import numpy as np
import pymysql
import requests
from bs4 import BeautifulSoup


url='https://cq.lianjia.com/ershoufang/#d#'
region = []
house_type=[]
area_list = []
decorate_type=[]
floor_type=[]
building_type=[]
total_price = []
avg_price = []

for idx in range(0,3):
    temp_url = url.replace("#d#", f"pg{idx}")
    headers = {
        'User-Agent': 'Mozilla/5.0 (Windows NT 10.0;Win64; x64) AppleWebKit/537.36 (KHTML, like Gecko) Chrome/95.0.4638.54 Safari/537.36'}
```

```python
response = requests.get(url=temp_url, headers=headers)
response.encoding = 'utf-8'

soup = BeautifulSoup(response.text, "html.parser")
lis = soup.find('ul', class_='sellListContent')

xxs = lis.find_all('div', class_='houseInfo')

for a in xxs:
    xx = a.text.replace(' ', '').replace('(', '_').replace(')', '').split('|')
    house_type.append(xx[0])
    area_list.append(xx[1])
    decorate_type.append(xx[3])
    floor_type.append(xx[4])
    building_type.append(xx[-1])

tps = lis.find_all('div', 'totalPrice totalPrice2')
for b in tps:
    tp = b.text.strip().replace('万', '')
    total_price.append(tp)
aps = lis.find_all('div', class_='unitPrice')
for c in aps:
    ap = c.text.strip().replace(',', '').replace('元/平', '')
    avg_price.append(ap)
rs = lis.find_all('div', class_='positionInfo')
for d in rs:
    aa = d.find_all('a')[1].text.strip()
    region.append(aa)
```

7.3.3 数据持久化保存

前面已经通过爬虫实现业务网站二手房数据获取,但是这些数据都只存储在内存之中,并没有对其做规范化和持久化管理。因此,为了能够让数据结构化,使数据之间具有联系,从而更好地面向整个系统,同时提高数据的共享性、扩展性和独立性,降低冗余度,这里将使用数据库管理系统对其统一管理和控制。因为将使用 MySQL 数据库管理系统,所以务必提前安装好。本案例使用的是 Navicat Premium 数据管理工具。

通过调用 pymysql 模块,使用 Python 语言连接和操作 MySQL 数据库管理系统 Navicat Premium 中指定的数据库和表,对它们执行创建和插入操作。数据持久化的主要过程如下。

1)导入 pymysql 模块,用于在 Python 中连接和操作 MySQL 数据库管理系统。

```python
import pymysql
```

2）使用 pymysql 的 connect( )方法，通过传入指定的参数实现对 MySQL 数据库管理系统的登录和具体数据库的连接操作。这里的参数包括：host 表示将要连接的设备地址，localhost 表示本机；user 和 password 表示登录到 MySQL 数据库管理系统的账号和密码；port 表示登录到该数据库管理系统过程中使用的端口号，这里是 3306；db 表示在该数据库管理系统中已经存在的数据库。这里需要先在 Navicat Premium 中创建该数据库。最后，将该方法的返回值返回给变量 db。

```
db = pymysql.connect(host='localhost', user='root', password='xxxx', port=3306, db='test')
```

3）cursor( )方法是实现对数据库 db 执行 SQL 操作的基础。

```
cursor = db.cursor()
```

4）声明变量 sql，用于接收以字符串形式编写的 SQL 语句。该 SQL 语句的含义是：使用 CREATE TABLE 命令创建一个名为 lianjia 的数据表。该表中包含 region、house_type、area_list、decorate_type、floor_type、building_type、total_price、avg_price 共 8 个字段。这 8 个字段用于接收对应的二手房数据信息。

```
sql = """CREATE TABLE 'lianjia' (
    'id' int(10) NOT NULL AUTO_INCREMENT,
    'region' char(20) NOT NULL,
    'house_type' char(20) NOT NULL,
    'area_list' char(20) DEFAULT NULL,
    'decorate_type' char(20) DEFAULT NULL,
    'floor_type' char(20) DEFAULT NULL,
    'building_type' char(20) DEFAULT NULL,
    'total_price' char(20) DEFAULT NULL,
    'avg_price' char(20) DEFAULT NULL,
    PRIMARY KEY ('id')
) ENGINE=InnoDB DEFAULT CHARSET=utf8mb4;"""
```

5）使用 execute( )方法实现上面的 SQL 语句。在 Navicat Premium 的 test 数据库中创建该数据表。

```
cursor.execute(sql)
```

6）使用 SQL 的 INSERT INTO 命令向指定的数据表 lianjia 中的指定字段 region、house_type、area_list、decorate_type、floor_type、building_type、total_price、avg_price 中插入数据。

```
cursor.execute("INSERT INTO lianjia VALUES(%s, %s, %s, %s, %s, %s, %s, %s)", (region, house_type, area_list, decorate_type, floor_type, building_type, total_price, avg_price))
```

到此，使用 pymysql 模块成功地实现了 Python 连接 MySQL 数据库管理系统。完整代码如下：

```python
import pymysql

db = pymysql.connect(host='localhost', user='root', password='xxxx', port=3306, db='test')
cursor = db.cursor()
sql = """CREATE TABLE 'lianjia' (
  'id' int(10) NOT NULL AUTO_INCREMENT,
  'region' char(20) NOT NULL,
  'house_type' char(20) NOT NULL,
  'area_list' char(20) DEFAULT NULL,
  'decorate_type' char(20) DEFAULT NULL,
  'floor_type' char(20) DEFAULT NULL,
  'building_type' char(20) DEFAULT NULL,
  'total_price' char(20) DEFAULT NULL,
  'avg_price' char(20) DEFAULT NULL,
  PRIMARY KEY ('id')
) ENGINE=InnoDB DEFAULT CHARSET=utf8mb4;"""
cursor.execute(sql)
cursor.execute("INSERT INTO lianjia VALUES(%s, %s, %s, %s, %s, %s, %s, %s)", (region, house_type, area_list, decorate_type, floor_type, building_type, total_price, avg_price))
db.commit()
```

上述语句执行后，MySQL 数据库管理系统的 test 数据库情况如图 7-9 所示。

图 7-9 test 数据库情况

7.3.4 数据可视化

7.3.4 数据可视化

为了直观地了解爬取的数据，可利用 Flask 和 ECharts 技术对数据进行可视化处理。

1）使用 Flask 技术生成一个可视化模板页面，并从数据库中读取相应的数据，结合

ECharts 生成不同的图形，呈现丰富的可视化效果。图 7-10 所示的图形分别是折线图、饼图、条形图及表格数据，它们均以动态数据形式呈现。

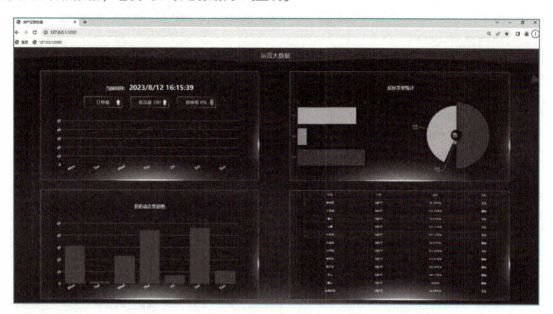

图 7-10　可视化界面

2）在 line1.js 中，利用 ECharts 生成折线图，如图 7-11 所示。

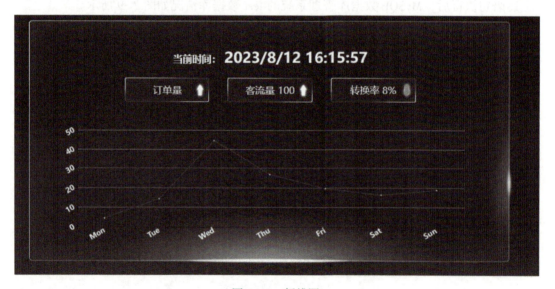

图 7-11　折线图

3）在 pie1.js 中，利用 ECharts 生成饼图，如图 7-12 所示。
4）在 bar1.js 中，利用 ECharts 生成条形图，如图 7-13 所示。
5）在 ajax2.js 中，利用 ECharts 生成表格数据，如图 7-14 所示。

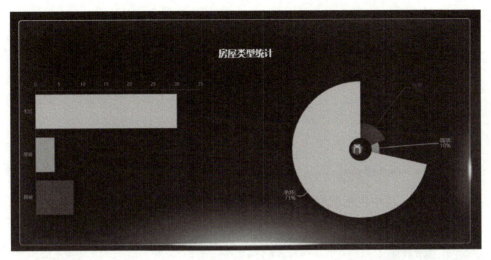

图 7-12 饼图

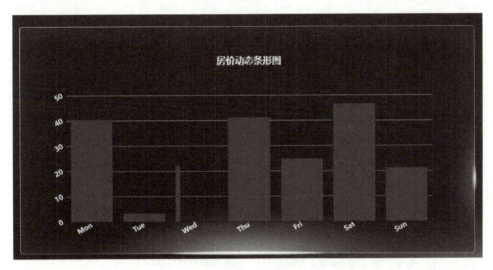

图 7-13 条形图

区域	户型	面积	类型
照母山	3室1厅	91.11平米	塔装
松树桥	2室1厅	87.76平米	塔装
弹子石	3室2厅	127.94平米	简装
鹿山	3室2厅	97平米	毛坯
鹿山	3室2厅	97平米	毛坯
大石坝	6室3厅	312平米	其他
五里店	4室2厅	128.43平米	毛坯
辛家沱	3室1厅	87.06平米	毛坯
龙头寺	4室2厅	134.67平米	塔装
大学城	3室2厅	58.91平米	塔装
龙洲湾	3室2厅	105.04平米	塔装
悦来	4室1厅	118.65平米	毛坯

图 7-14 表格数据

7.3.5 数据探索与转换

下面通过 pandas 读取二手房数据,并对其进行探索和转换。

1) 在 Python 中导入 pandas、pymysql、re 和 tabulate。

```
import pandas as pd
import pymysql
import re
from tabulate import tabulate
```

2) 设置主函数,其中包括读取数据、探索清洗数据以及转换数据。

```
def main():
    #1 读取数据
    data = read_data()

    #2 探索清洗数据
    check_data(data)

    #3 转换数据
    data_new = transform_data(data)
    #以地区和房屋类型为标准,计算平均面积
    result = data_new.groupby(['region', 'building_type']).agg({'area': 'mean'})
    print(tabulate(result, headers='keys', tablefmt='pretty'))
```

运行结果如图 7-15 所示。

```
+-------------------------+--------------------+
|                         |        area        |
+-------------------------+--------------------+
| ('中央公园', '板塔结合')  | 149.50333333333333 |
| ('中央公园', '板楼')      |       111.29       |
| ('五里店', '板楼')        |       101.01       |
| ('凤天路', '塔楼')        |        94.95       |
| ('北滨路', '塔楼')        |       84.475       |
| ('华岩', '塔楼')          |        72.96       |
| ('华岩', '板塔结合')      |       119.98       |
| ('南滨路', '塔楼')        |       256.5        |
| ('南滨路', '板塔结合')    | 190.22799999999998 |
| ('双山', '塔楼')          |        70.57       |
+-------------------------+--------------------+
```

图 7-15 计算平均面积

3) 从数据库里读取数据。

```
def read_data():
    db = pymysql.connect(host='localhost', user='root', password='78483268', port=3306, db='test')
    cursor = db.cursor()
```

```
        cursor.execute("SELECT * FROM lianjia")
        data = cursor.fetchall()
        columns = ['id', 'region', 'house_type', 'area_list', 'decorate_type', 'floor_type', 'building_type',
'total_price', 'avg_price']
        df = (pd.DataFrame(data, columns=columns)).drop(columns='id')
        db.close()
        return df
```

4）探索清洗数据，查看前 5 行数据。

```
def check_data(data):
    df = data
    print(tabulate(df.head(), headers='keys', tablefmt='pretty'))
```

运行结果如图 7-16 所示。

```
+----+---------+------------+-----------+---------------+-------------+---------------+-------------+-----------+
| id | region  | house_type | area_list | decorate_type | floor_type  | building_type | total_price | avg_price |
+----+---------+------------+-----------+---------------+-------------+---------------+-------------+-----------+
| 0  | 大学城  | 2室1厅     | 74.44平米 | 精装          | 34层        | 塔楼          | 77          | 10344     |
| 1  | 南滨路  | 5室1厅     | 256.5平米 | 毛坯          | 39层        | 塔楼          | 312         | 12164     |
| 2  | 李家沱  | 3室2厅     | 93.22平米 | 毛坯          | 高楼层_共31层 | 板楼        | 85          | 9119      |
| 3  | 四公里  | 3室1厅     | 114.7平米 | 精装          | 33层        | 塔楼          | 118         | 10288     |
| 4  | 大学城  | 4室2厅     | 158.13平米| 毛坯          | 中楼层_共11层 | 板楼        | 169         | 10688     |
+----+---------+------------+-----------+---------------+-------------+---------------+-------------+-----------+
```

图 7-16 查看前 5 行数据

5）查看数据的描述性信息。

```
print(tabulate(df.describe(), headers='keys', tablefmt='pretty'))
```

运行结果如图 7-17 所示。

```
+--------+--------+---------+------------+-----------+---------------+------------+---------------+-------------+-----------+
|        | id     | region  | house_type | area_list | decorate_type | floor_type | building_type | total_price | avg_price |
+--------+--------+---------+------------+-----------+---------------+------------+---------------+-------------+-----------+
| count  | 90     | 90      | 90         | 90        | 90            | 90         | 90            | 90          | 90        |
| unique | 29     | 9       | 60         | 4         | 44            | 4          | 52            | 60          |           |
| top    | 四公里 | 3室2厅  | 97.36平米  | 精装      | 33层          | 塔楼       | 110           | 11769       |           |
| freq   | 8      | 33      | 2          | 42        | 6             | 49         | 4             | 2           |           |
+--------+--------+---------+------------+-----------+---------------+------------+---------------+-------------+-----------+
```

图 7-17 查看数据的描述性信息

6）统计数据中空值的数量。

```
print(tabulate(df.isnull().sum().reset_index(), headers=['Column', 'Missing Values'], tablefmt=
'pretty'))
```

运行结果如图 7-18 所示。

7）查看数据类型。

```
print(tabulate(df.dtypes.reset_index(), headers=['Column', 'Data Type'], tablefmt='pretty'))
```

运行结果如图 7-19 所示。

```
+----+---------------+----------------+          +----+---------------+-------------+
| id |    Column     | Missing Values |          | id |    Column     |  Data Type  |
+----+---------------+----------------+          +----+---------------+-------------+
| 0  |    region     |       0        |          | 0  |    region     |   object    |
| 1  |  house_type   |       0        |          | 1  |  house_type   |   object    |
| 2  |   area_list   |       0        |          | 2  |   area_list   |   object    |
| 3  | decorate_type |       0        |          | 3  | decorate_type |   object    |
| 4  |  floor_type   |       0        |          | 4  |  floor_type   |   object    |
| 5  | building_type |       0        |          | 5  | building_type |   object    |
| 6  |  total_price  |       0        |          | 6  |  total_price  |   object    |
| 7  |   avg_price   |       0        |          | 7  |   avg_price   |   object    |
+----+---------------+----------------+          +----+---------------+-------------+
```

图 7-18　统计数据中空值的数量　　　　　　　　图 7-19　查看数据类型

8）转换数据，包括细化房屋类型、提取楼层数和楼层类型以及统一价格单位。

```python
def transform_data(data):
    df = data
    #1 转换 house_type
    df['bedroom'] = df['house_type'].str.extract('(\d+)室').astype(int)
    df['living_room'] = df['house_type'].str.extract('(\d+)厅').astype(int)
    # 删除原始的房屋类型列
    df.drop('house_type', axis=1, inplace=True)

    #2 转换 area_list
    df['area'] = df['area_list'].str.extract('(\d+\.?\d*)平米').astype(float)
    # 删除原始的 area_list 列
    df.drop('area_list', axis=1, inplace=True)

    #3 提取楼层数和楼层类型
    floor_info = [re.search(r'(\d+)层', floor).group(1) if re.search(r'(\d+)层', floor) else None for floor in df['floor_type']]
    floor_type = [re.search(r'(低楼层|中楼层|高楼层)', floor).group(1) if re.search(r'(低楼层|中楼层|高楼层)', floor) else None for floor in df['floor_type']]

    # 创建数据框
    df['floor_type'] = floor_type
    df['floor_info'] = floor_info

    #4 统一价格单位
    df['total_price'] = df['total_price'].astype(float) * 1000
    print(tabulate(df.head(), headers='keys', tablefmt='pretty'))
    return df
```

运行结果如图 7-20 所示。

```
+----+---------+---------------+------------+---------------+-------------+-----------+---------+-------------+--------+------------+
| id | region  | decorate_type | floor_type | building_type | total_price | avg_price | bedroom | living_room | area   | floor_info |
+----+---------+---------------+------------+---------------+-------------+-----------+---------+-------------+--------+------------+
| 0  | 大学城  | 精装          |            | 塔楼          | 77000.0     | 10344     | 2       | 1           | 74.44  | 34         |
| 1  | 南滨路  | 毛坯          |            | 塔楼          | 312000.0    | 12164     | 5       | 1           | 256.5  | 39         |
| 2  | 李家沱  | 毛坯          | 高楼层     | 板楼          | 85000.0     | 9119      | 3       | 2           | 93.22  | 31         |
| 3  | 四公里  | 精装          |            | 塔楼          | 118000.0    | 10288     | 3       | 1           | 114.7  | 33         |
| 4  | 大学城  | 毛坯          | 中楼层     | 板楼          | 169000.0    | 10688     | 4       | 2           | 158.13 | 11         |
+----+---------+---------------+------------+---------------+-------------+-----------+---------+-------------+--------+------------+
```

图 7-20　转换数据

7.3.6　任务实现

```python
import pandas as pd
import pymysql
import re
from tabulate import tabulate

def main():
    #1 读取数据
    data = read_data()

    #2 探索清洗数据
    check_data(data)

    #3 转换数据
    data_new = transform_data(data)
    # 以地区和房屋类型为标准，计算平均面积
    result = data_new.groupby(['region', 'building_type']).agg({'area': 'mean'})
    print(tabulate(result, headers='keys', tablefmt='pretty'))

def read_data():
    db = pymysql.connect(host='localhost', user='root', password='12345678', port=3306, db='test')
    cursor = db.cursor()
    cursor.execute("SELECT * FROM lianjia")
    data = cursor.fetchall()
    columns = ['id', 'region', 'house_type', 'area_list', 'decorate_type', 'floor_type', 'building_type', 'total_price', 'avg_price']
    df = (pd.DataFrame(data, columns=columns)).drop(columns='id')
    db.close()
    return df
def check_data(data):
    df = data
```

```python
        print(tabulate(df.head(), headers='keys', tablefmt='pretty'))
        print(tabulate(df.describe(), headers='keys', tablefmt='pretty'))
        print(tabulate(df.isnull().sum().reset_index(), headers=['Column', 'Missing Values'], tablefmt='pretty'))
        print(tabulate(df.dtypes.reset_index(), headers=['Column', 'Data Type'], tablefmt='pretty'))
def transform_data(data):
    df = data
    #1 转换 house_type
    df['bedroom'] = df['house_type'].str.extract('(\d+)室').astype(int)
    df['living_room'] = df['house_type'].str.extract('(\d+)厅').astype(int)
    # 删除原始的房屋类型列
    df.drop('house_type', axis=1, inplace=True)

    #2 转换 area_list
    df['area'] = df['area_list'].str.extract('(\d+\.?\d*)平米').astype(float)
    # 删除原始的 area_list 列
    df.drop('area_list', axis=1, inplace=True)

    #3 提取楼层数和楼层类型
    floor_info = [re.search(r'(\d+)层', floor).group(1) if re.search(r'(\d+)层', floor) else None for floor in df['floor_type']]
    floor_type = [re.search(r'(低楼层|中楼层|高楼层)', floor).group(1) if re.search(r'(低楼层|中楼层|高楼层)', floor) else None for floor in df['floor_type']]

    # 创建数据框
    df['floor_type'] = floor_type
    df['floor_info'] = floor_info

    #4 统一价格单位
    df['total_price'] = df['total_price'].astype(float) * 1000
    return df

if __name__ == "__main__":
    main()
```

7.4 小结

通过本任务的学习，读者能够使用 Chrome 浏览器的"开发者工具"分析业务网站二手房的网页结构和内容，使用 requests 库和 BeautifulSoup 库编写自定义爬虫代码，解析和获取字段为地区（region）、户型（house_type）、面积（area_list）、装修类型（decorate_type）、楼层（floor_type）、房屋类型（building_type）、售价（total_price）、单价（avg_price）的数据。最后，使用 pymysql 库在 MySQL 数据库管理系统中创建指定的数据库 test 和数据表 lianjia，实现数据的持久化保存。本章末尾提供了几种数据预处理方法的示例，包括探索数据、转换数据等，方便读者根据自己的需要对数据做进一步处理。

7.5 习题

1. 使用 requests 库和 BeautifulSoup 库对二手房网站进行数据爬取（网站可自行指定）。
2. 使用 Flask 和 ECharts 将爬取的数据可视化。

任务 8　爬取指定业务网站案例

学习目标

- 分析业务网站的网页结构和内容
- 使用 Selenium 和 ChromeDriver 实现网站的模拟登录
- 使用 Selenium 和 ChromeDriver 编写爬虫代码，获取指定的静态和动态数据
- 使用 pymysql 库实现数据的持久化

本章将结合前几章介绍的主要技术，讲解一个爬虫案例。该案例在 Chrome 浏览器中使用 Selenium 和 ChromeDriver 实现网站的可视化模拟登录操作，自定义编写爬虫代码，获取网站内指定的静态和动态数据，最后，使用 pymysql 库实现数据的持久化操作。

8.1　任务描述

本任务通过 Chrome 浏览器综合分析业务网站的网页结构和内容，找到该网站的登录入口，在已注册的前提下，使用 Selenium 和 ChromeDriver 实现网站的可视化模拟登录操作。然后，通过分析登录之后的用户主页，使用 requests 库和 lxml 库编写自定义爬虫代码，解析并获取公司名称、地址、行业名称、工资、岗位名称的静态和动态数据。最后，使用 pymysql 库在 MySQL 数据库管理系统中创建指定的数据库 test 和数据表 zhitong 和 zhitong1，实现数据的持久化存储。

8.2　页面分析

本爬虫案例的具体需求包括技术需求和数据需求，这是第一步。接下来将对页面结构和内容进行深度的分析，目的是找到业务网站中与具体需求相关的业务逻辑和业务数据。

1) 如图 8-1 所示，在该页面上能够清楚地定位到"求职者登录/注册"控件。因此，本爬虫案例第一次使用的 URL 将是这个拥有"求职者登录/注册"控件的页面。这里不仅是任务中要求的模拟登录的起点，也是爬虫开始爬取该网站的起点和入口。

2) 鼠标右键单击"求职者登录/注册"控件之后，将出现如图 8-2 所示快捷菜单。

3) 单击该菜单中的"检查（N）"后，Chrome 浏览器呈现自带的"开发者工具"，并将焦点指向该"求职者登录/注册"控件所在的具体的 HTML 页面结构。这里的目的是获取"求职者登录/注册"控件所属标签的 class 属性值——"login-per-dialog"，如图 8-3 所示。

图 8-1　业务网站"求职者登录/注册"控件

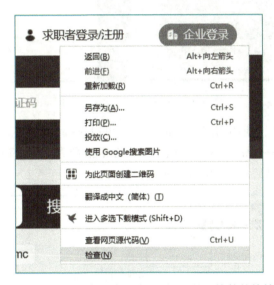

图 8-2　鼠标右键单击"求职者登录/注册"控件的快捷菜单

图 8-3　获取"求职者登录/注册"控件所属标签的 class 属性值

到此，根据任务需求，使用 Chrome 浏览器访问并分析了业务网站的登录相关控件在该页面中的具体位置、状态及其 class 属性值，为下一步代码编写找准了目标。

4）为了能够实现模拟登录，还需要找到能够输入用户名和密码的登录界面，这样才能进一步使用代码对其进行精确的操作。单击"求职者登录/注册"控件，将跳转到如图 8-4 所示页面。使用 Chrome 浏览器的"开发者工具"可以看到该登录页面位于一个 form 表单当中。

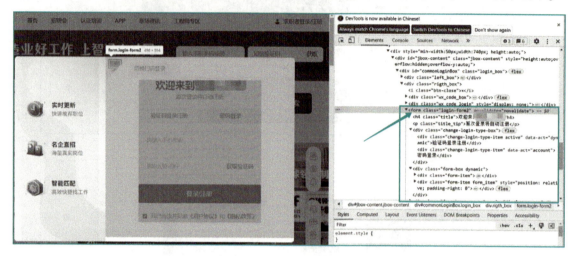

图 8-4　业务网站"登录"页面

① 在该表单的控件中，使用密码登录的方式，可以选择"密码登录"控件，标签为<div>，class="change-login-type-item active"，或者 XPATH 路径为//*[@id="commonLoginBox"]/div[2]/form/div[1]/div[2]，如图 8-5 所示。

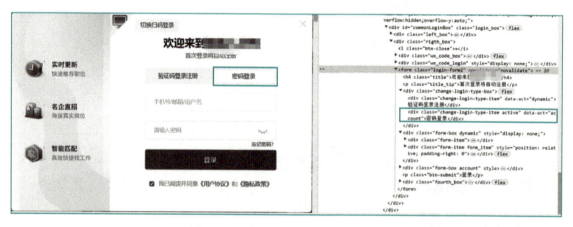

图 8-5　业务网站"密码登录"页面

② 在该表单控件中，可以进一步观察到多个控件，包括一个 type 为 text、id 为 login_box_account 的<input>标签，以及一个 type 为 password、id 为 login_box_password 的<input>标签。这两个标签分别用于获取用户输入的用户名和密码，如图 8-6 和图 8-7 所示。

③ 在该表单控件中还包含一个 class 为 btn-submit 的<p>标签。该标签的作用是将表单的数据统一提交给后台服务器，如图 8-8 所示。如果用户填写的用户名和密码正确，该网站将跳转到指定的页面。如果失败，则会提示用户名或者密码错误。

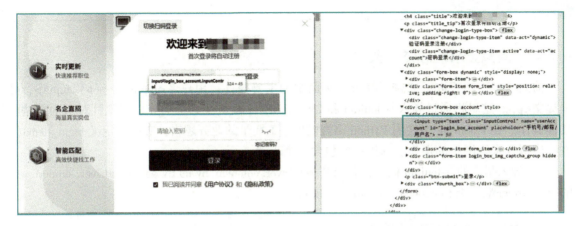

图 8-6 "密码登录"表单控件中的用户名<input>标签及其属性

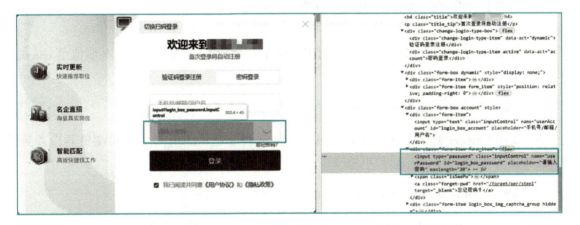

图 8-7 "密码登录"表单控件中的密码<input>标签及其属性

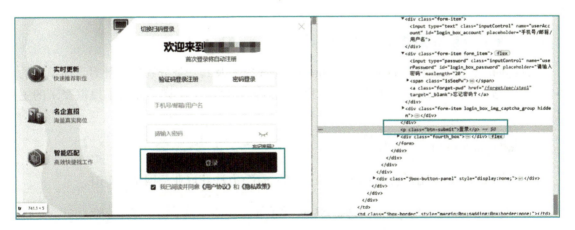

图 8-8 "密码登录"表单控件中的数据提交<p>标签及其属性

8.3 模拟登录

8.3.1 模拟登录的总体步骤

前面已经成功获取了"密码登录"页面中的主要控件：用户名<input>，密码<input>，数据提交<p>。这里将通过导入Selenium和ChromeDriver模块及其子类分别实现针对页面结构的具体操作。在PyCharm中使用Python语言模拟手工登录的业务逻辑，实现自定义login_demo()方法模拟登录该网站的操作。这里主要包含4个步骤。

1) 导入指定的Selenium模块，分别是webdriver.common.by的By类，webdriver.support.wait的WebDriverWait类和expected_conditions模块。

```
from selenium import webdriver
from selenium.webdriver.common.by import By
from selenium.webdriver.support.wait import WebDriverWait
from selenium.webdriver.support import expected_conditions as EC
```

2) 使用webdriver的Chrome()初始化用于操作Chrome浏览器的对象，并赋值给chrome_driver。

```
chrome_driver = webdriver.Chrome()
```

3) 使用Chrome浏览器对象chrome_driver的maximize_window()方法将浏览器设置为最大化。

```
chrome_driver.maximize_window()
```

4) 自定义一个方法login_demo()，用于实现模拟登录的具体业务逻辑。login_demo()方法是整个模拟登录过程的核心代码。该方法真正实现了模拟手工登录的过程，具体介绍见下节。

8.3.2 模拟登录业务逻辑和代码详解

login_demo()方法使用Selenium和ChromeDriver模块及其子类分别实现针对页面结构的具体操作。其基本的业务逻辑与手工登录过程是一致的，以下7步详细介绍了模拟登录的主要过程。

```
def login_demo():
```

1) 使用Chrome浏览器对象chrome_driver的get()方法获取业务网站的URL。

```
chrome_driver.get("http://www.job5156.com/")
```

2) 通过上一步进入业务网站之后，找到登录的超链接。使用WebDriverWait类实现Chrome浏览器对象chrome_driver对Chrome浏览器的8s等待操作。其等待的目的是使用until()方法将EC的判定条件element_to_be_clickable（等待指定的控件渲染并可以单击后作为继续执行的判定条件)作为参数,再通过 By.CLASS_NAME 找到属性 class 的值为 "login-per-dialog" 的控件作为参数传递给 element_to_be_clickable()方法。这样,就可以在该登录超链接成功渲染后,对其进行操作。

```
WebDriverWait(chrome_driver, 8).until(EC.element_to_be_clickable((By.CLASS_NAME,"login-per-dialog")))
```

3) 使用 chrome_driver 的 find_element_by_class_name()方法,通过 "login-per-dialog" 找到该渲染完毕并可以单击使用的登录控件,并将其赋值给 login_control。

```
login_control = chrome_driver.find_element_by_class_name("login-per-dialog")
```

4) 使用 login_control 的 click()方法实现模拟单击操作。

```
login_control.click()
```

5) 选择"密码登录"方式,找到"密码登录"控件的 XPATH 路径。

```
WebDriverWait(chrome_driver, 15).until(EC.element_to_be_clickable((By.XPATH, '//*[@id="commonLoginBox"]/div[2]/form/div[1]/div[2]')))
login_button_control = chrome_driver.find_element_by_xpath('//*[@id="commonLoginBox"]/div[2]/form/div[1]/div[2]')
```

6) 使用 login_button_control 的 click()方法实现模拟单击操作。

```
login_button_control.click()
```

7) 通过输入用户名和密码登录,因此需要找到用于输入用户名和密码的控件。这里分别是 login_box_account 和 login_box_password。

```
WebDriverWait(chrome_driver,15).until(EC.element_to_be_clickable((By.ID,"login_box_account")))
id_control = chrome_driver.find_element_by_id("login_box_account")
```

8) 通过 send_keys()方法实现输入用户名和密码。

```
id_control.send_keys("用户名")
WebDriverWait(chrome_driver,15).until(EC.element_to_be_clickable((By.ID,"login_box_password")))
pwd_control = chrome_driver.find_element_by_id("login_box_password")
pwd_control.send_keys("密码")
```

9) 通过元素标签路径 XPATH 找到登录按钮,并使用 click()方法实现模拟单击。

```
WebDriverWait(chrome_driver,15).until(EC.element_to_be_clickable((By.XPATH,
'//*[@id="commonLoginBox"]/div[2]/form/p[2]')))
login_button_control=chrome_driver.find_element_by_xpath('//*[@id="commonLoginBox"]/div[2]/form/p[2]')
login_button_control.click()
```

到此，通过使用 Selenium 和 ChromeDriver，在分析了业务网站页面结构和内容的基础之上，实现了对该网站的模拟登录。完整代码如下：

```python
from selenium import webdriver
from selenium.webdriver.common.by import By
from selenium.webdriver.support.wait import WebDriverWait
from selenium.webdriver.support import expected_conditions as EC

chrome_driver = webdriver.Chrome()

chrome_driver.maximize_window()

def login_demo():
    chrome_driver.get("http://www.job5156.com/")

    WebDriverWait(chrome_driver, 8).until(EC.element_to_be_clickable((By.CLASS_NAME, "login-per-dialog")))
    login_control = chrome_driver.find_element_by_class_name("login-per-dialog")
    login_control.click()

    WebDriverWait(chrome_driver, 15).until(
        EC.element_to_be_clickable((By.XPATH, '//*[@id="commonLoginBox"]/div[2]/form/div[1]/div[2]')))
    login_button_control = chrome_driver.find_element_by_xpath('//*[@id="commonLoginBox"]/div[2]/form/div[1]/div[2]')
    login_button_control.click()

    WebDriverWait(chrome_driver, 15).until(EC.element_to_be_clickable((By.ID, "login_box_account")))
    id_control = chrome_driver.find_element_by_id("login_box_account")
    id_control.send_keys("用户名")

    WebDriverWait(chrome_driver, 15).until(EC.element_to_be_clickable((By.ID, "login_box_password")))
    pwd_control = chrome_driver.find_element_by_id("login_box_password")
    pwd_control.send_keys("密码")

    WebDriverWait(chrome_driver, 15).until(EC.element_to_be_clickable((By.XPATH, '//*[@id="commonLoginBox"]/div[2]/form/p[2]')))
    login_button_control = chrome_driver.find_element_by_xpath('//*[@id="commonLoginBox"]/div[2]/form/p[2]')
    login_button_control.click()
```

```
if __name__ == '__main__':
    # 第一部分：模拟登录
    chrome_driver = webdriver.Chrome()
    chrome_driver.maximize_window()
    login_demo()
```

8.4 获取静态数据

在成功地实现了模拟登录之后，现在来获取业务网站搜索网页中推荐的公司名称（comname）、地址（address）、招聘要求（requirement）、工资（salary）、招聘岗位（postname）、招聘信息（information）等静态数据。

对登录成功之后的页面进行分析，找到该网站的搜索按钮，并记录该控件的属性或者XPATH 路径，如图 8-9 所示。目的是通过该按钮跳转到指定的搜索页面。

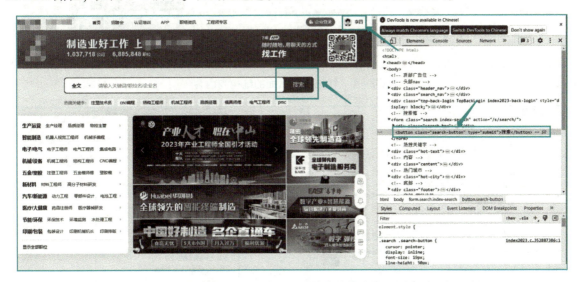

图 8-9　登录之后的搜索功能按钮

鼠标左键单击"搜索"按钮，页面将跳转到指定的详细搜索页面，如图 8-10 所示。认真分析页面结构和内容之后发现，该页面的 URL 默认返回如下内容：城市站点、福利标签、筛选条件，默认岗位信息，等等。

在"开发者工具"的"Network"选项卡的"Doc"中可以看到，该默认 URL 返回的城市站点、福利标签、筛选条件、默认岗位信息等主要内容均为静态数据，如图 8-11 所示。因此，可以使用 requests 库和 lxml 库编写自定义爬虫代码获得该部分的静态数据。

在"开发者工具"的"Network"选项卡下的"Headers"中可以观察到该默认 URL 的头部信息，包括 General 的 Request URL、Request Method、Status Code、Remote Address 和 Referrer Policy。Request Headers 的 Accept、Accept-Encoding、Accept-Language、Cache-Control、Connection、Cookie、Host、Referer、Upgrade-Insecure-Requests 和 User-Agent。QueryString Parameters 的 keywordType、keyword、locationList、_csrf，如图 8-12 所示。这些信息能够为接下来的爬虫代码提供直接有效的数据信息。

图 8-10 详细搜索页面的结构和内容

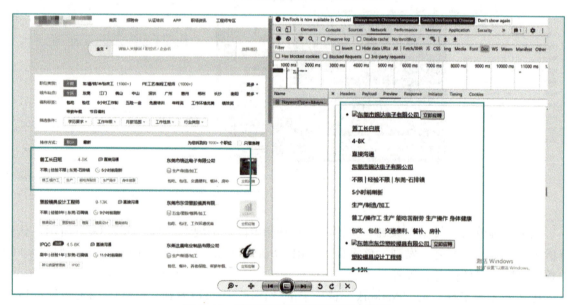

图 8-11 详细搜索页面返回的静态数据

8.4.1　静态数据获取的总体步骤

8.4.1　静态数据获取的总体步骤

在分析该详细搜索页面之后，就可以使用 requests 库和 lxml 库编写自定义爬虫代码，直接获取该部分的静态数据了。

1）导入爬虫代码所需要的 requests 库，用于获取 URL 的页面响应数据；导入 lxml 库中的 etree 用于解析页面的响应数据，并进一步实现数据的精确定位和操作；导入 pymysql 库，用于持久化保存数据。

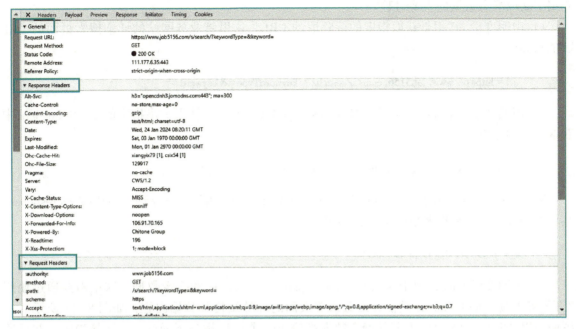

图 8-12 详细搜索页面的 Headers 信息

```
import requests
from lxml import etree
import pymysql
```

2）设置网络爬虫代码请求该 URL 的 Headers 头部信息。在开发者工具的 "Network" 选项卡的 "Headers" 中得到该默认 URL 的 Headers 头部信息。

```
headers = {
    'Accept': 'text/html,application/xhtml+xml,application/xml;q=0.9,image/webp,image/apng,
*/*;q=0.8,application/signed-exchange;v=b3',
    'Accept-Encoding': 'gzip, deflate',
    'Accept-Language': 'zh-CN,zh;q=0.9',
    'User-Agent': 'Mozilla/5.0 (Windows NT 10.0; Win64; x64) AppleWebKit/537.36 (KHTML,
like Gecko) Chrome/74.0.3729.108 Safari/537.36'
}
```

3）自定义爬虫方法 get_static(cursor) 用于获取指定 URL 的静态数据并将数据持久化保存。该方法是获取静态数据的核心方法。

```
def get_static(cursor):
```

8.4.2 静态数据获取业务逻辑和代码详解

下面将使用 Python 语言调用 requests 库访问指定的 URL，并使用 lxml 库对返回值做进一步解析，针对页面结构通过分支和循环语句获取到页面结构中指定的静态数据。以下 5 步详细介绍了获取静态数据的主要过程。

1）声明变量 url 用于获取指定的待爬取的 URL。这里将业务网站的详细搜索页面的 URL 赋值给 url。

url = 'https://www.job5156.com/s/search/?keywordType=&keyword='

2）声明变量 response，用于获取 requests 库的 get 方法，从上一步指定的 url 和 headers 中获取页面响应数据。

response = requests.get(url, headers=headers)

3）声明变量 s，用于获取 lxml 中 etree 的 HTML 方法，解析上一步页面响应数据 response，其目的是接下来对数据做精确定位和操作。

s = etree.HTML(response.text)

4）声明变量 infos，用于获取变量 s 的 xpath() 方法返回的指定数据。这里需要通过使用"开发者工具"的 Elements 功能详细分析该页面的标签结构和数据内容，如图 8-13 所示。从图中可以观察到，该 URL 返回的静态数据都位于一个 <ul> 标签下面的 <li> 标签当中，并且所有 <li> 标签的标签结构都是一样的。这为进一步获取数据创造了条件。

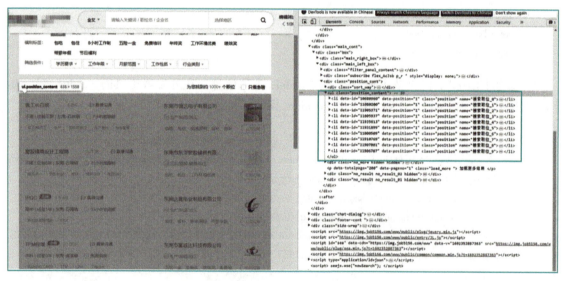

图 8-13 详细搜索页面的岗位信息标签结构

将光标定位到"开发者工具"的"Elements"选项卡中的 <ul> 标签上面，单击鼠标右键，在弹出的快捷菜单中选择"Copy XPath"，如图 8-14 所示。这样就获取了所有 <li> 的数组集合及其所包含的 XPATH 路径信息"/html/body/div[3]/div/div[2]/div[3]/ul"，并将其赋值给了变量 infos。这里将该 XPATH 路径信息修改为"/html/body/div[3]/div/div[2]/div[3]/ul/li"，旨在将 XPATH 的路径信息指向所有 <li> 标签的集合。打印输出，查看目前该 URL 返回的静态岗位数据的个数。

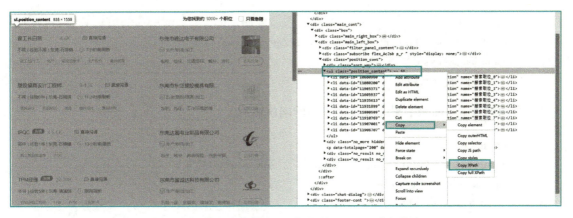

图 8-14 获取岗位信息<li>标签的 XPATH 路径信息

```
infos = s.xpath('/html/body/div[3]/div/div[2]/div[3]/ul/li')
print(len(infos))
```

5）使用 for 循环语句遍历各个<li>标签以获取所有<li>标签中的静态数据，包括公司名称（comname）、地址（address）、岗位名称（postname）、工资（salary）等数据。通过分析<li>的结构和内容可以发现，任务所需要的数据位于<li>标签中的不同位置。因此，这里需要获取每一个<li>标签中指定内容的 XPATH 路径信息，如图 8-15 所示。

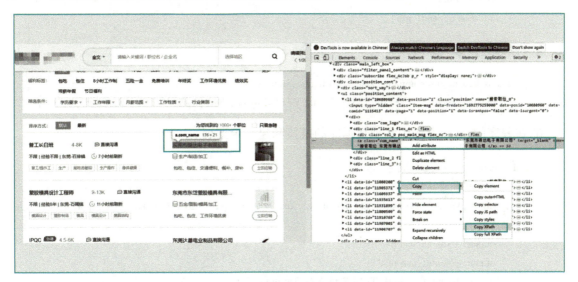

图 8-15 获取岗位信息<li>标签中指定内容的 XPATH 路径信息

① 声明列表 comname，获取<li>标签中的公司名称。

```
comname = []
list_comname = infos[0].xpath('..//div/div[2]/a/@title')
for c in list_comname:
    comname.append(c)
```

② 声明列表 salary，获取<li>标签中的工资信息。

```python
salary = []
list_salary = infos[0].xpath('..//div/div[2]/div/span/text()')
for s in list_salary:
    salary.append(s)
```

③ 声明列表 postname，获取<li>标签中的岗位名称。

```python
postname = []
list_posname = infos[0].xpath('..//div/div[2]/div/p/a/text()')
for posname in list_posname:
    pn = posname.strip()
    postname.append(pn)
```

④ 声明列表 address 获取<li>标签中的岗位地址。

```python
address = []
list_addr = infos[0].xpath('..//div/div[3]/div/p/text()')
for addr in list_addr:
    ad1 = addr.strip()
    ad2 = ad1.split('|')
    ad3 = ad2[-1]
    address.append(ad3)
```

⑤ 将数据写入数据库。

```python
for a,b,c,d in zip(comname,salary,postname,address):
    cursor.execute("INSERT INTO zhitong VALUES(%s,%s,%s,%s)", (a, b, c, d))
```

⑥ 在程序的 main 方法中实现数据库的链接和建立数据表。

```python
if __name__ == '__main__':
    # 链接和建立数据表
    db = pymysql.connect(host='localhost', user='root', password='Lijunhan1984', port=3306, db='test')
    cursor = db.cursor()
    cursor.execute('use test')
    cursor.execute("DROP TABLE IF EXISTS zhitong")
    sql = 'CREATE TABLE ''zhitong''(' \
          'comname varchar(50),' \
          'salary varchar(50),' \
          'postname varchar(50),' \
          'address varchar(50) ' \
          ')ENGINE=InnoDB DEFAULT CHARSET=utf8mb4;'
    cursor.execute(sql)
    # 获得第一页的静态数据
```

```
            get_static(cursor)
            db.commit()
            db.close()
```

到此，通过使用 requests 库、lxml 库和 pymysql 库编写自定义爬虫代码，获取了对业务网站详细搜索页面的静态岗位数据。完整代码如下：

```
import requests
from lxml import etree
import pymysql

# 获取静态数据，持久化数据
def get_static(cursor):
    headers = {
        'Accept':'text/html,application/xhtml+xml,application/xml;q=0.9,image/webp,image/apng,*/*;q=0.8,application/signed-exchange;v=b3',
        'Accept-Encoding':'gzip, deflate',
        'Accept-Language':'zh-CN,zh;q=0.9',
        'User-Agent':'Mozilla/5.0 (Windows NT 10.0; Win64; x64) AppleWebKit/537.36 (KHTML, like Gecko) Chrome/74.0.3729.108 Safari/537.36'
    }
    url ='https://www.job5156.com/s/search/?keywordType=&keyword='
    response = requests.get(url,headers=headers)
    s = etree.HTML(response.text)
    # 获取数据所在的<li>标签
    infos = s.xpath('/html/body/div[3]/div/div[2]/div[3]/ul/li')
    print(len(infos))

    # 获得公司名字
    comname = []
    list_comname = infos[0].xpath('..//div/div[2]/a/@title')
    for c in list_comname:
        comname.append(c)

    # 获得工资
    salary = []
    list_salary = infos[0].xpath('..//div/div[2]/div/span/text()')
    for s in list_salary:
        salary.append(s)

    # 获得岗位名称
    postname = []
    list_posname = infos[0].xpath('..//div/div[2]/div/p/a/text()')
```

```
        for posname in list_posname:
            pn = posname.strip()
            postname.append(pn)

        # 获得公司地址
        address = []
        list_addr = infos[0].xpath('..//div/div[3]/div/p/text()')
        for addr in list_addr:
            ad1 = addr.strip()
            ad2 = ad1.split('|')
            ad3 = ad2[-1]
            address.append(ad3)

        # 将数据写入数据库
        for a,b,c,d in zip(comname,salary,postname,address):
            cursor.execute("INSERT INTO zhitong VALUES(%s,%s,%s,%s)", (a, b, c, d))

if __name__ == '__main__':
    # 链接和建立数据表
    db = pymysql.connect(host='localhost', user='root', password='Lijunhan1984', port=3306, db='test')
    cursor = db.cursor()
    cursor.execute('use test')
    cursor.execute("DROP TABLE IF EXISTS zhitong")
    sql = 'CREATE TABLE ''zhitong''(' \
          'comname varchar(50),' \
          'salary varchar(50),' \
          'postname varchar(50),' \
          'address varchar(50) ' \
          ') ENGINE=InnoDB DEFAULT CHARSET=utf8mb4;'
    cursor.execute(sql)
    # 获得第一页的静态数据
    get_static(cursor)

    db.commit()
    db.close()
```

8.5 获取动态数据

在成功获取了详细搜索页面的静态数据后，通过进一步分析该页面发现，使用鼠标滑动页面或者单击最下方的"加载更多结果"按钮，便可以获得更多岗位信息。通过"开发者工具"的"Network"选项卡中的"Fetch/XHR"可以发现，出现了一个动态数据请求 URL，如图8-16所示。下面围绕该 URL 进行分析和操作。

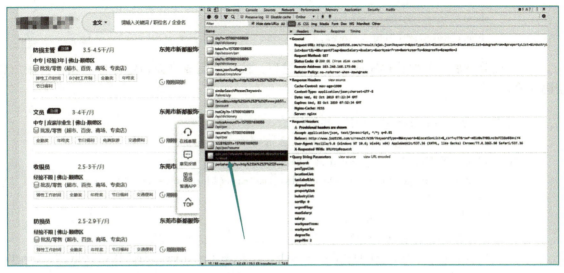

图 8-16　动态数据请求 URL

8.5.1　动态数据获取的总体步骤

通过使用"开发者工具"详细查看并分析页面内容，获得了动态数据的结构和内容。因此，这里使用 Selenium 库编写自定义爬虫代码，在实现模拟登录的同时，也针对页面结构通过分支和循环语句获取页面结构中指定的动态数据。获取动态数据的主要过程如下。

1）导入爬虫代码所需模块 Selenium，其 webdriver 用于控制浏览器实现网站页面控件和数据的定位和采集。导入 pymysql 用于实现数据持久化保存。

```
from selenium import webdriver
from selenium.webdriver.common.by import By
from selenium.webdriver.support import expected_conditions as EC
from selenium.webdriver.support.wait import WebDriverWait
import pymysql
```

2）自定义爬虫方法 login_demo(cursor)实现指定 URL 的模拟登录和动态数据获取，同时传入参数 cursor 用于实现数据持久化操作。该方法是获取动态数据的核心代码。

8.5.2　动态数据获取业务逻辑和代码详解

使用 Python 语言调用 Selenium 库访问指定的 URL，获取指定的动态数据，针对返回的动态数据的结构和内容，通过分支和循环语句获取指定的动态数据。以下 5 步详细介绍了获取静态数据的主要过程。

8.5.2　动态数据获取业务逻辑和代码详解

1）调用 webdriver 的 Chrome()方法初始化针对谷歌浏览器的可操作对象 chrome_driver。调用 chrome_driver 的 maximize_window()方法实现浏览器最大化操作。调用 chrome_driver 的 get("http://www.job5156.com/")方法实现 URL 访问。

```
def login_demo(cursor):
    chrome_driver = webdriver.Chrome()
```

```
chrome_driver.maximize_window()
chrome_driver.get("http://www.job5156.com/")
```

2）页面分析后，下面获得完成模拟登录过程，按步骤完成页面指定控件的操作，账户和密码的输入。

```
# 获取"求职者登录/注册"控件，并单击
WebDriverWait(chrome_driver, 8).until(EC.element_to_be_clickable(
(By.CLASS_NAME, "login-per-dialog")))
login_control = chrome_driver.find_element_by_class_name("login-per-dialog")
login_control.click()
# 获取"密码登录"控件，并单击
WebDriverWait(chrome_driver,15).until(
    EC.element_to_be_clickable((By.XPATH, '//*[@id="commonLoginBox"]/div[2]/form/div[1]/div[2]')))
login_button_control =
chrome_driver.find_element_by_xpath('//*[@id="commonLoginBox"]/div[2]/form/div[1]/div[2]')
login_button_control.click()
# 获取"账户输入"控件，并输入账户信息
WebDriverWait(chrome_driver, 15).until(EC.element_to_be_clickable((By.ID, "login_box_account")))
id_control = chrome_driver.find_element_by_id("login_box_account")
id_control.send_keys("账户")
# 获取"密码输入"控件，并输入密码信息
WebDriverWait(chrome_driver, 15).until(EC.element_to_be_clickable((By.ID, "login_box_password")))
pwd_control = chrome_driver.find_element_by_id("login_box_password")
pwd_control.send_keys("密码")
# 获取"登录"控件，并单击
WebDriverWait(chrome_driver, 15).until(EC.element_to_be_clickable((By.XPATH, '//*[@id="commonLoginBox"]/div[2]/form/p[2]')))
login_button_control = chrome_driver.find_element_by_xpath('//*[@id="commonLoginBox"]/div[2]/form/p[2]')
login_button_control.click()
# 设置浏览器等待时间
chrome_driver.implicitly_wait(3)
chrome_driver.get("http://www.job5156.com/")
```

3）登录成功之后，进入网站主界面。单击搜索栏的"搜索"按钮，跳转到岗位信息详细页面。

```
# 单击搜索按钮进入详细岗位信息界面
WebDriverWait(chrome_driver, 15).until(
    EC.element_to_be_clickable((By.XPATH, '/html/body/form/button')))
```

```python
login_button_control = chrome_driver.find_element_by_xpath('/html/body/form/button')
login_button_control.click()
```

4) 使用 selenium 获得动态数据并持久化保存。

```python
# 声明和定义 4 个空数组用于存放数据
com_names = []
salaries = []
post_names = []
industry_names = []
# 获取 "加载更多结果" 按钮并单击,循环次数表示获得多少页面的动态数据
for t in range(0,3):
    load = chrome_driver.find_element_by_class_name('load_more ')
    webdriver.ActionChains(chrome_driver).move_to_element(load).click(load).perform()
    chrome_driver.implicitly_wait(50)
    # 获取每次加载后新出现的数据
    for i in range(1,11):
        # 获得公司名称
        com_name_xpath = '/html/body/div[3]/div/div[2]/div[3]/ul/li[{0}]/div/div[2]/a'.format(t*10+i)
        com_name = chrome_driver.find_element_by_xpath(com_name_xpath).text
        # print(com_name)
        com_names.append(com_name)
        # 获得工资
        salary_xpath = '/html/body/div[3]/div/div[2]/div[3]/ul/li[{0}]/div/div[2]/div/span'.format(t*10+i)
        salary = chrome_driver.find_element_by_xpath(salary_xpath).text
        # print(salary)
        salaries.append(salary)
        # 获得岗位名称
        post_name_xpath = '/html/body/div[3]/div/div[2]/div[3]/ul/li[{0}]/div/div[2]/div/p/a'.format(t*10+i)
        post_name = chrome_driver.find_element_by_xpath(post_name_xpath).text
        # print(post_name)
        post_names.append(post_name)
        # 获得行业名称
        industry_name_xpath = '/html/body/div[3]/div/div[2]/div[3]/ul/li[{0}]/div/div[3]/p/span'.format(t*10+i)
        industry_name = chrome_driver.find_element_by_xpath(industry_name_xpath).text
        # print(industry_name)
        industry_names.append(industry_name)
```

```
# 将数据写入数据库
for a, b, c, d in zip(com_names, salaries, post_names, industry_names):
    cursor.execute("INSERT INTO zhitongdongtai VALUES(%s,%s,%s,%s)", (a, b, c, d))
```

5）编写程序入口方法，链接数据库和建立数据表，并运行 login_demo(cursor) 方法。

```
if __name__ == '__main__':
    # 链接数据库和建立数据表
    db = pymysql.connect(host='localhost', user='root', password='密码', port=3306, db='test')
    cursor = db.cursor()
    cursor.execute('use test')
    cursor.execute("DROP TABLE IF EXISTS zhitongdongtai")
    sql = 'CREATE TABLE 'zhitongdongtai'(' \
        'com_name varchar(50),' \
        'salary varchar(50),' \
        'post_name varchar(50),' \
        'industry_name varchar(50) ' \
        ')ENGINE=InnoDB DEFAULT CHARSET=utf8mb4;'
    cursor.execute(sql)
    login_demo(cursor)
    db.commit()
    db.close()
```

到此，通过 Selenium 库编写自定义爬虫代码获取业务网站详细搜索页面的动态岗位数据并持久化保存。完整代码如下：

```
from selenium import webdriver
from selenium.webdriver.common.by import By
from selenium.webdriver.support import expected_conditions as EC
from selenium.webdriver.support.wait import WebDriverWait
import pymysql

def login_demo(cursor):
    # 1 自动输入账户和密码，登录
    chrome_driver = webdriver.Chrome()
    chrome_driver.maximize_window()
    chrome_driver.get("http://www.job5156.com/")

    WebDriverWait(chrome_driver, 8).until(
        (EC.element_to_be_clickable((By.CLASS_NAME, "login-per-dialog"))))
    login_control = chrome_driver.find_element_by_class_name("login-per-dialog")
    login_control.click()

    WebDriverWait(chrome_driver, 15).until(
```

```python
        EC.element_to_be_clickable((By.XPATH, '//*[@id="commonLoginBox"]/div[2]/form/div[1]/div[2]')))
    login_button_control = chrome_driver.find_element_by_xpath('//*[@id="commonLoginBox"]/div[2]/form/div[1]/div[2]')
    login_button_control.click()

    WebDriverWait(chrome_driver, 15).until(EC.element_to_be_clickable((By.ID, "login_box_account")))
    id_control = chrome_driver.find_element_by_id("login_box_account")
    id_control.send_keys("15902359761")

    WebDriverWait(chrome_driver, 15).until(EC.element_to_be_clickable((By.ID, "login_box_password")))
    pwd_control = chrome_driver.find_element_by_id("login_box_password")
    pwd_control.send_keys("zhitong123")

    WebDriverWait(chrome_driver, 15).until(EC.element_to_be_clickable((By.XPATH, '//*[@id="commonLoginBox"]/div[2]/form/p[2]')))
    login_button_control = chrome_driver.find_element_by_xpath('//*[@id="commonLoginBox"]/div[2]/form/p[2]')
    login_button_control.click()

    chrome_driver.implicitly_wait(3)

    chrome_driver.get("http://www.job5156.com/")

    #2 单击搜索按钮进入详细岗位信息界面
    WebDriverWait(chrome_driver, 15).until(
        EC.element_to_be_clickable((By.XPATH, '/html/body/form/button')))
    login_button_control = chrome_driver.find_element_by_xpath('/html/body/form/button')
    login_button_control.click()

    #3 使用selenium获得动态数据
    com_names = []
    salaries = []
    post_names = []
    industry_names = []
    # 获取"加载更多结果"按钮并单击,循环次数表示获得多少页面的动态数据
    for t in range(0,3):
        load = chrome_driver.find_element_by_class_name('load_more')
        webdriver.ActionChains(chrome_driver).move_to_element(load).click(load).perform()
        chrome_driver.implicitly_wait(50)
```

```python
        for i in range(1,11):
            # 获得公司名称
            com_name_xpath = '/html/body/div[3]/div/div[2]/div[3]/ul/li[{0}]/div/div[2]/a'.format(t*10+i)
            com_name = chrome_driver.find_element_by_xpath(com_name_xpath).text
            # print(com_name)
            com_names.append(com_name)
            # 获得工资
            salary_xpath = '/html/body/div[3]/div/div[2]/div[3]/ul/li[{0}]/div/div[2]/div/span'.format(t*10+i)
            salary = chrome_driver.find_element_by_xpath(salary_xpath).text
            # print(salary)
            salaries.append(salary)
            # 获得岗位名称
            post_name_xpath = '/html/body/div[3]/div/div[2]/div[3]/ul/li[{0}]/div/div[2]/div/p/a'.format(t*10+i)
            post_name = chrome_driver.find_element_by_xpath(post_name_xpath).text
            # print(post_name)
            post_names.append(post_name)
            # 获得行业名称
            industry_name_xpath = '/html/body/div[3]/div/div[2]/div[3]/ul/li[{0}]/div/div[3]/p/span'.format(t*10+i)
            industry_name = chrome_driver.find_element_by_xpath(industry_name_xpath).text
            # print(industry_name)
            industry_names.append(industry_name)

    # 将数据写入数据库
    for a, b, c, d in zip(com_names, salaries, post_names, industry_names):
        cursor.execute("INSERT INTO zhitongdongtai VALUES(%s,%s,%s,%s)", (a, b, c, d))

if __name__ == '__main__':
    # 链接和建立数据表
    db = pymysql.connect(host='localhost', user='root', password='密码', port=3306, db='test')
    cursor = db.cursor()
    cursor.execute('use test')
    cursor.execute("DROP TABLE IF EXISTS zhitongdongtai")
    sql = 'CREATE TABLE 'zhitongdongtai'(' \
          'com_name varchar(50),' \
          'salary varchar(50),' \
          'post_name varchar(50),' \
          'industry_name varchar(50) ' \
          ')ENGINE=InnoDB DEFAULT CHARSET=utf8mb4;'
    cursor.execute(sql)
```

```
            login_demo(cursor)
            db.commit()
            db.close()
```

8.6 数据持久化保存

前面已经通过爬虫实现业务网站指定页面静态和动态数据获取，但是这些数据都存储在内存之中，并没有对其做规范化和持久化管理。因此，为了能够让数据结构化，使数据之间具有联系，从而更好地面向整个系统，同时提高数据的共享性、扩展性和独立性，降低冗余度，这里将使用数据库管理系统统一管理和控制数据。这里将使用 MySQL 数据库管理系统。请务必提前安装好 MySQL 数据库管理系统。

通过调用 pymysql 模块，使用 Python 语言实现连接和操作 MySQL 数据库管理系统中指定的数据库和表，完成创建和插入操作，以下 6 步详细介绍了数据持久化的主要过程。

1）导入 pymysql 模块，用于在 Python 中连接和操作 MySQL 数据库管理系统。

```
import pymysql
```

2）使用 pymysql 的 connect() 方法，通过传入指定的参数实现对 MySQL 数据库管理系统的登录和具体数据库的连接操作。这里的参数分别是：host 表示将要连接的设备地址；localhost 表示本机；user 和 password 表示登录到 MySQL 数据库管理系统的账号和密码；port 表示登录到该数据库管理系统过程中使用的端口号，这里是 3306；db 表示在该数据库管理系统中已经存在的数据库。这里需要先在 Navicat Premium 中创建该数据库。最后，将该方法的返回值返回给变量 db。

```
db = pymysql.connect(host='localhost', user='root', password='密码', port=3306, db='test')
```

3）使用 cursor() 方法是实现对数据库 db 执行 SQL 操作的基础。

```
cursor = db.cursor()
```

4）声明变量 sql 用于接收以字符串形式编写的 SQL 语句。该 SQL 语句的含义是：使用 CREATE TABLE 命令创建一个名为 zhitong 的数据表。该表中包含 comname、address、requirement、salary、postname 和 information 共 6 个字段。这 6 个字段正好用于接收前面对应的岗位数据信息。

```
sql = 'CREATE TABLE ' zhitongdongtai'(' \
      'com_name varchar(50),' \
      'salary varchar(50),' \
      'post_name varchar(50),' \
      'industry_name varchar(50) ' \
      ')ENGINE=InnoDB DEFAULT CHARSET=utf8mb4;'
```

5）使用 execute()方法实现上面的 SQL 语句。在 test 数据库中创建该数据表。

```
cursor.execute(sql)
```

6）将获取的静态和动态数据导入 MySQL 数据库管理系统的指定数据库中。在 get_static(cursor)和 login_demo(cursor)中加入变量 cursor，目的是将前面的 cursor = db.cursor()传递到这两个方法中，从而实现 cursor 的数据插入功能。

到此，通过使用 pymysql 模块成功地实现了 Python 连接 MySQL 数据库管理系统。完整代码如下：

```
import pymysql

db = pymysql.connect(host='localhost', user='root', password='Lijunhan1984', port=3306, db='test')
cursor = db.cursor()
cursor.execute('use test')
cursor.execute("DROP TABLE IF EXISTS zhitongdongtai")
sql = 'CREATE TABLE 'zhitongdongtai'(' \
    'com_name varchar(50),' \
    'salary varchar(50),' \
    'post_name varchar(50),' \
    'industry_name varchar(50) ' \
    ')ENGINE=InnoDB DEFAULT CHARSET=utf8mb4;'
cursor.execute(sql)

db.commit()
db.close()
```

下面分别是 get_static(cursor)和 login_demo(cursor)方法执行后，MySQL 数据库管理系统中 test 数据库的情况，如图 8-17 和图 8-18 所示。

8.6 数据持久化保存——静态数据

图 8-17　get_static(cursor)方法获取的静态数据的持久化

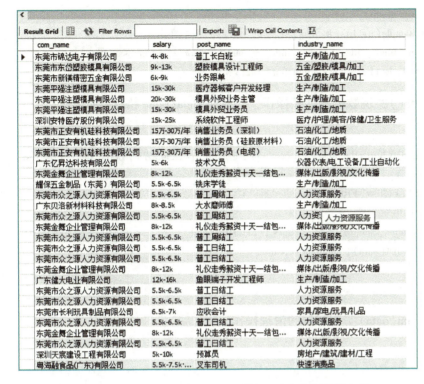

图 8-18 login_demo(cursor)方法获取的动态数据的持久化

8.7 数据预处理

本节将在 8.6 节的基础上，对保存的数据进行数据预处理操作，实现数据的清洗、转换和规约。

1）导入指定的库。

```
import pandas as pd
import pymysql
from tabulate import tabulate
```

2）自定义方法 main()，作为调用其他数据预处理自定义方法的入口。

```
def main():
    #1 读取数据
    data = read_data()
    #2 探索清洗数据
    check_data(data)
    #3 转换数据
    data_new = transform_data(data)
    #4 规约数据
```

```python
def custom_sampling(group):
    return group.sample(n=1)   # 采样，采集每个组内的一个样本
result = data_new.groupby(['addr_names', 'industry_name']).apply(custom_sampling)
print(tabulate(result, headers='keys', tablefmt='pretty'))
```

3）自定义方法 read_data() 实现数据库连接操作，并返回 DataFrame 格式数据。

```python
def read_data():
    db = pymysql.connect(host='localhost', user='root', password='12345678', port=3306, db='test')
    cursor = db.cursor()
    cursor.execute("SELECT * FROM zhitongdongtai")
    data = cursor.fetchall()
    columns = ['com_name', 'salary', 'addr_names', 'industry_name']
    df = pd.DataFrame(list(data), columns=columns)
    db.close()
    return df
```

4）自定义方法 check_data(data) 实现数据的清理操作。

```python
def check_data(data):
    df = data
    print(tabulate(df.head(), headers='keys', tablefmt='pretty'))
    print(tabulate(df.describe(), headers='keys', tablefmt='pretty'))
    print(tabulate(df.isnull().sum().reset_index(), headers=['Column','MissingValues'], tablefmt='pret'))
    print(tabulate(df.dtypes.reset_index(), headers=['Column', 'Data Type'], tablefmt='pretty'))
```

5）自定义方法 transform_data(data) 实现数据转换操作。

```python
def transform_data(data):
    df = data
    # 1 转换薪水字段
    salary_range_pattern = r'(?P<low_salary>\d+\.?\d*)-(?P<high_salary>\d+\.?\d*)K'
    salary_policy_pattern = r'(?P<salary_policy>\d*薪)?'
    final_pattern = rf'{salary_range_pattern}·?{salary_policy_pattern}'
    # 使用逐步构建的正则表达式拆分 'salary' 列并创建新的列
    extracted = df['salary'].str.extract(final_pattern, expand=True)
    # 设置默认值为 12 薪
    extracted['salary_policy'] = extracted['salary_policy'].fillna('12薪')
    # 将提取的列赋给 DataFrame
    df[['low_salary', 'high_salary', 'salary_policy']] = extracted[['low_salary', 'high_salary', 'salary_policy']]
    # 删除原始 salary 列
    df.drop('salary', axis=1, inplace=True)
```

```
# 将字符串型的数字列转为浮点型
df[['low_salary', 'high_salary']] = df[['low_salary', 'high_salary']].astype(float) * 1000
#2 转换地址字段
min_length = 2
max_length = 4
data_new = df[(df['addr_names'].str.len() >= min_length) & (df['addr_names'].str.len() <= max_length)]
return data_new
```

6）设置程序入口。

```
if __name__ == "__main__":
    main()
```

8.8 小结

通过本任务的学习，读者可以掌握使用 Chrome 浏览器的"开发者工具"综合分析业务网站的网页结构和内容，找到该网站的登录入口，以及其他静态和动态数据。本案例使用 Selenium 和 ChromeDriver 实现网站的可视化模拟登录操作，编写和解析自定义爬虫代码，获取公司名称、地址、岗位名称、工资、行业名称的静态和动态数据，最后，使用 pymysql 在 MySQL 数据库管理系统中创建指定的数据库和数据表，实现数据的持久化存储。

8.9 习题

1. 使用 Selenium 和 ChromeDriver 实现网站的可视化模拟登录操作（网站可自行指定）。
2. 使用 pymysql 库在 MySQL 数据库管理系统中创建指定的数据库，以保存获取的数据。

任务 9　Hadoop 平台的 Flume 日志数据采集应用案例

学习目标

- 了解基于 Hadoop 的大数据平台下数据采集所要解决的问题
- 了解 Hadoop 下分布式文件系统（HDFS）的基本使用
- 了解 Flume 的作用和安装方法
- 掌握如何配置 Flume 以实现在不同任务环境下的数据采集

本章和前面各章稍有不同，旨在解决如何在大数据环境下进行数据采集的问题。一个典型的大数据环境下数据采集方案面临以下挑战：

1）服务被部署在大量的服务器上，以集群形式对外提供，采集方案必须要满足分布式采集特性，要具有汇聚功能。

2）单服务器可能会在数据采集传输过程中出现失败，要保证其传输的高可靠性。

3）业务系统类型多种多样，其功能可能是输出日志文件，也可能是提供 HTTP 服务用于日志访问，还可能是自定义地向某个 TCP/UDP 端口发送事件日志等，要保证数据采集服务的易用性和可适配性。

4）业务系统一般都会长期在线，数据采集不能每次做全量采集，必须具备增量数据采集的能力，同时还需要注意采集的实时性。

5）大数据环境下采集到的数据量巨大，采集工具要能够和大数据平台进行良好集成。

本章将介绍 Apache 开源项目 Flume 工具是如何解决以上挑战的。首先简要介绍开源平台 Hadoop，演示其分布式文件系统（HDFS）的基本使用。然后讲解 Flume 的安装，并且通过两个案例讲解 Flume 的配置要点。最后通过习题来强化对知识点的掌握和应用。

9.1　任务描述

本章将模拟两个业务场景：一个是电商平台的 Web 日志记录采集，另一个是基于 TCP 端口的日志记录采集。针对电商平台的 Web 日志，通常 Web 开发人员会在开发的 Web 应用中进行埋点操作，例如监控用户在页面的停留时间、用户在页面之间的流转、用户登录时间次数等一系列数据，并将这些数据记录到 Web 日志文件中，以便业务部门对数据做进一步处理和分析，它们也是大数据环境下的物品推荐、用户画像等应用领域的数据来源。本章将使用 Flume 对 Web 日志文件夹中的数据文件进行监控和采集。针对 TCP 端口的日志记录采集应用得也较为广泛，例如：对 MySQL 数据库，通过编写触发器监控其增删改操作，实现对数据更新事件的监控，该技术得到了广泛的应用；实现 MySQL 的读写分离、主从同步，或者将关系数据库的数据同步到类似 HBase 或者 Redis 等键值数据库中，以提升对系统企业业务的响应速度等；触发器就可以将监控到的数据更新操作写入某个 TCP 端口，通过 Flume 来采集该端口的数据，实现灵活的数据采集方案。

9.2 Hadoop 介绍

Hadoop 是主流的大数据存储和分析平台之一。它源自 Apache 基金会以 Java 编写的开源分布式框架项目。其核心组件是 HDFS、YARN 和 MapReduce，其他组件包括 HBase、Hive、ZooKeeper、Spark、Kafka、Flume、Ambari 和 Sqoop 等。Hadoop 可以将大规模海量数据进行分布式并行处理，具有高度容错性、可扩展性、高可靠性和稳定性。Hadoop 生态系统组成如图 9-1 所示。

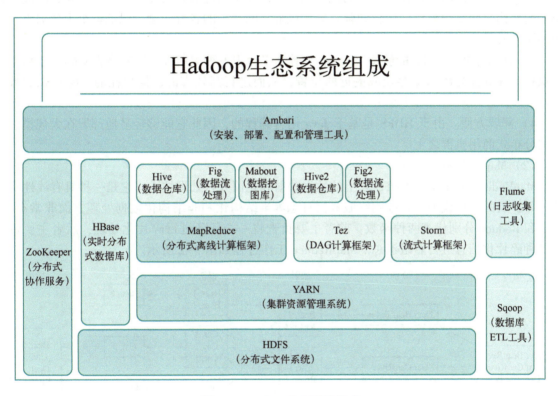

图 9-1　Hadoop 生态系统组成

目前市面上 Hadoop 发行版本主要有三个，分别来自 Apache、Cloudera 和 Hortonworks。其中，Apache Hadoop 是 Hadoop 的原生版本，适合初学者。Cloudera Hadoop 主要应用于大型的互联网企业。Hortonworks Hadoop 是完全开源的，在文档处理方面有优势。

9.2.1　Hadoop 核心组件和工作原理

Hadoop 有三个核心组件：HDFS（数据存储）、MapReduce（分布式离线计算）和 YARN（资源调度）。

（1）HDFS

Hadoop 分布式文件系统（Hadoop Distributed File System，HDFS）是 Hadoop 的底层核心组件。它具备以下特点：

1）流式数据读写，海量数据交互处理能力。由于能够实现高效数据输出和输入，因此它非常适合建立在大规模数据群之中。它能够以批处理的方式实现对大规模数据的处理，特别是以流式读写数据进行批量处理。它还能在多平台之间实现海量数据的交互处理。其基本设计思想是一次写入、多次读取。

2）高度容错能力。Hadoop 是建立在大规模集群之上的，而这些集群难免出现某个单机或组群的硬件故障。HDFS 充分考虑了此问题，当出现某个单机或组群的硬件故障时，HDFS 将通过主/从（Master/Slave）体系结构中的名称节点（NameNode）和数据节点（DataNode）模式对数据进行控制、管理、存储、创建、删除、映射和复制操作，实现 Hadoop 大数据平台的自我检测、自我诊断和自我恢复。因此，使得 HDFS 不仅能够解决硬件失败的问题，还能够在异构的架构之间复制模块，优化和弥补异构机群之间产生的各种问题，保证整个大数据平台系统的服务质量。

3）移动计算。HDFS 能够将 Hadoop 大数据平台中各种应用程序以网络为基础，迁移至需要执行计算处理的数据保存地或更近的位置，从而进行高效率的、低功耗的、移动式的数据处理。

4）部署方便。由于 HDFS 是基于 Java 语言编程的，因此它能够轻易地部署在大规模、廉价的分布式商用机群之上。

（2）MapReduce

MapReduce 是建立在 HDFS 之上的数据映射和化简并行处理技术。它是一种具有线性特质的、可扩展的编程模型。它在网络服务器日志等半结构化和非结构化数据处理方面非常有效。Map 和 Reduce 分别代表两种函数：前者主要负责将一个任务进行碎片化处理，后者主要负责将各种碎片化信息进行重组汇总。MapReduce 工作过程如图 9-2 所示。

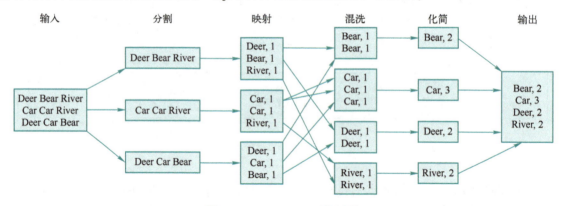

图 9-2　MapReduce 工作过程

MapReduce 的工作过程如下：

1）从数据源获取需要输入的数据。
2）通过 split() 函数对原始数据进行分割。
3）通过 map() 函数对分割的数据进行标记映射。
4）通过 shuffle() 函数对标记映射之后的数据进行分类（混洗）。

5)通过 reduce() 函数对分类之后的进行聚类统计(化简)。

6)输出 MapReduce 的统计分析结果。

与 HDFS 的 NameNode 和 DataNode 模式相比,MapReduce 同样采用了主/从体系结构,即作业跟踪(JobTracker)和任务跟踪(TaskTracker)模式。在人机交互过程中,用户提交的工作任务都形成一个 JobTracker 和许多个等长的 TaskTracker。JobTracker 负责在工作和任务之间进行合理安排协调。TaskTracker 负责具体执行相应任务安排,并在执行过程中及时向 JobTracker 返回工作情况(也称"心跳")。在数据并行处理过程中,当某个节点或群组没有心跳反馈时,JobTracker 即认为该区域不能够提供数据服务,并随即进行新的工作任务安排。一个 JobTracker 所划分的 TaskTracker 越多,其在整个大数据平台环境中的并行处理效率和设备资源的合理利用率也就越高。MapReduce 还能够对本地数据进行本地化处理,提高数据访问的效率。MapReduce 的 JobTracker 和 TaskTracker 模式如图 9-3 所示。

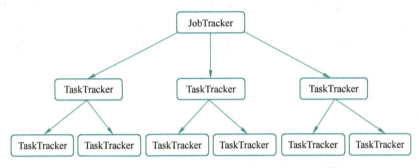

图 9-3 MapReduce 的 JobTracker 和 TaskTracker 模式

(3) YARN

由于 MapReduce 存在一定的局限性,例如 JobTracker 既要负责资源管理,又要监控、跟踪、记录和控制任务,成为整个 MapReduce 的性能瓶颈,最重要的是 MapReduce 的系统整体资源利用率相对较低,因此为了优化和提升 MapReduce 的性能和资源利用率,Hadoop 引入了 YARN(Yet Another Resource Negotiator)专门用于整合 Hadoop 集群资源、并支持其他分布式计算模式。

Yarn 的组成部分主要有三个组件:资源管理器(ResourceManager)、节点管理器(NodeManager)和应用管理器(ApplicationMaster)。

1)资源管理器。资源管理器拥有系统所有资源的分配权,负责集群中所有应用程序资源的分配。资源管理器能够根据系统和集群的真实状态,根据各个应用程序进程优先级和资源利用率最优原则,综合调度集群资源,实现动态分配,指定集群节点运行指定应用程序。资源管理器有两个组成部分:调度程序(Scheduler)和应用管理器。调度程序负责调度资源容器(Container),资源容器在各个节点上保障集群中各应用程序获得有效的资源。应用管理器为各应用程序分配一个应用管理器(应用管理器本身也是一个资源容器)来运行资源容器和与其他节点上的 Container 通信。同时,应用管理器负责监控,并在其某个应用程序的应用管理器遇到失败时重启其所通信的其他资源容器。

2)节点管理器。节点管理器负责集群中单个节点与资源管理器的工作通信,负责启动和管理单个节点中应用程序资源容器的生命周期,以及监控和跟踪应用程序的资源使用状态。节点管理器将单个节点的资源情况、工作日志和运行状态数据汇总到资源管理器。每一个节点管理器都会在资源管理器中注册,并通过定期"心跳"方式发送通信数据给资源管理器,保障资源管理器能够及时掌握整个集群中所有节点的运行状态和资源情况。

3)应用管理器。集群中每一个应用程序都有自己的应用管理器。应用管理器负责与资源管理器通信,获得指定应用程序运行所需的资源容器。应用管理器负责与调度程序通信获得并使用正确的资源容器来运行指定的应用程序。应用管理器本身作为一个进程和节点管理器一起负责在节点和集群中协调、管理和监控各个应用程序。应用管理器也是通过"心跳"方式与资源管理器通信的,它保障了每个应用管理器所管理的应用程序能够在资源管理器那里获得有效的系统资源,同时也能够让资源管理器及时知道何时可以释放指定节点的资源。

9.2.2　Hadoop 生态圈简介

除了 Hadoop 的三大核心组件之外,Hadoop 生态圈中常用组件还包括 HBase、Hive、ZooKeeper、Spark、Kafka、Flume、Ambari 和 Sqoop 等。这些组件分属于不同的功能层级,共同组成了一个功能完整且高效的 Hadoop 生态圈。Hadoop 生态圈架构如图 9-4 所示。

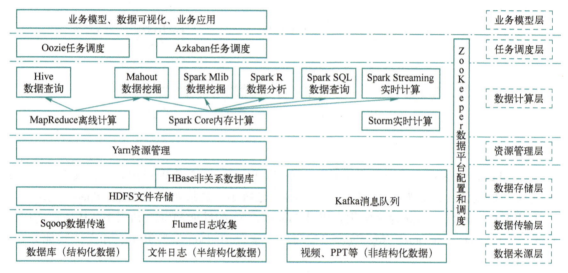

图 9-4　Hadoop 生态圈架构

从图 9-4 中可以看出,Hadoop 生态圈架构中包含了内容丰富且功能强大的组件集合。从功能上看,Hadoop 生态圈架构可以分为多个层级,具体如下:

1)数据来源层能够涵盖结构化数据(数据库)、半结构化数据(文件日志)和非结构化数据(视频、音频和 PPT 等)。

2)数据传输层能够充分发挥集群网络优势,高效地并发和并行传输数据。

3)数据存储层不仅能够充分发挥集群强大的整体存储能力,还能通过数据冗余的方式有效提高数据安全性以及数据读写效率。

4)资源管理层能够根据集群各节点资源(计算资源、存储资源和网络资源)的使用情况,合理、平衡地分配和安排各节点在整个数据处理过程中的任务。

5)数据计算层能够根据具体的业务计算需求,提供离线计算和实时计算。一般对于规模和体量较大的历史业务数据采用离线计算,对于不断修改和新增的流式数据采用实时计算。离线计算适合对实时性要求不高（利用非业务处理高峰时间等）的业务，实时计算适合对时间和效率要求较高的业务需求。

6）任务调度层能够根据 Hadoop 大数据平台系统的当前任务数量和状态，按照一定的调度算法对任务进行合理调度，从而优化和平衡系统整体运行效率。

7）业务模型层能够提供直观、简化、精准的数据可视化呈现和应用效果，帮助用户提升业务的分析和处理能力。

9.3 Flume 介绍

Flume 是一种分布式、可靠且可用的服务，用于有效地收集、聚合和移动大量日志数据。它具有基于流式数据的简单、灵活的体系结构，可调整的可靠性机制、许多故障转移和恢复机制，以及强大的功能和容错能力。它使用一个简单的可扩展数据模型，支持在线分析应用程序。

（1）Flume 的特点

1）可靠性。基于 Hadoop 的 HDFS 集群，Flume 传送的日志数据在遇到单节点失败的时候能够将数据传送到其他节点，避免了数据丢失。

2）可扩展性。Flume 采用三层架构：代理（agent）、收集器（collector）和存储（storage）。每一层均可以水平扩展，并由一个或多个 master 统一监控、维护和管理。

3）可管理性。agent 和 collector 由 master 统一管理，多个 master 又由 ZooKeeper 统一管理，在 master 上可以通过 Web 和 shell 脚本命令两种形式管理数据流，并可以配置和动态加载各个数据源。

（2）Flume 的组织架构

Flume 的组织架构如图 9-5 所示。

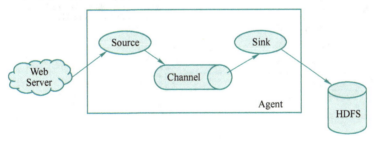

图 9-5　Flume 的组织架构

1）Source：数据的来源和方式。
2）Channel：数据的缓冲池。
3）Sink：定义了数据输出的方式和目的地。

Flume 的关键流程是首先通过 source 获取数据源的数据，然后将数据缓存在 Channel 当中以保证数据在传输过程中不丢失，最后通过 Sink 将数据发送到指定的位置。

9.4 Flume 安装和配置

9.4　Flume 安装和配置

Flume 组件由于本身是使用 Java 开发的，具有良好的跨平台特性，因此可以在 Linux 和 Windows 等操作系统上运行。但是由于本任务是要将采集到的数据放到 Hadoop 的 HDFS 上，而且大数据集群的环境一般也使用 Linux 操作系统作为承载，因此，这里使用 Linux 操作系统作为练习平台。在众多 Linux 发行版中，选择适应性较为广泛、支持较为完善的 CentOS 7。

Hadoop 版本一直在迭代更新，最新的版本对权限配置等有了更多的要求，为了将主要精力集中在 Flume 的数据采集功能上，这里选用 Hadoop 2.7 和 Flume 1.9。

9.4.1 Flume 的安装

Flume 的安装主要包含以下两个环节：①Hadoop 服务的确认和 HDFS 基本操作；②Flume 的安装步骤。

1. Hadoop 服务的确认和 HDFS 基本操作

1）使用 VirtualBox 打开给定的 .vbox 文件，如图 9-6 所示。

图 9-6　打开给定文件

2）在虚拟机上，单击右键，从快捷菜单中选择"Start"命令，启动虚拟机，如图 9-7 所示。

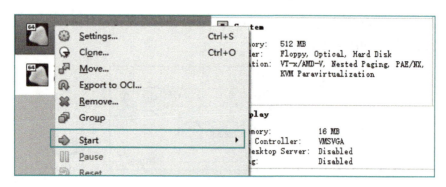

图 9-7　启动虚拟机

3）虚拟机启动完毕后，在登录界面（见图 9-8）输入用户名和密码。
用户名为 root，密码为 root。

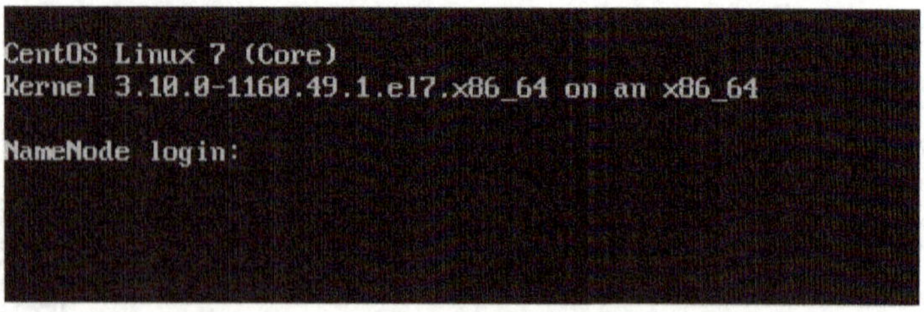

图 9-8　登录界面

登录成功后的界面如图 9-9 所示。

图 9-9　登录成功后的界面

4）确保 Java 环境正确。在当前控制台下，输入 java -version，观察输出。如果输出结果如图 9-10 所示，则可确认环境正常。

图 9-10　Java 环境确认

5）运行 start-dfs.sh，启动 HDFS 服务。如果输出结果如图 9-11 所示，则表示启动正常。

图 9-11　HDFS 启动正常

6）运行 jps，查看是否确实有 jvm 进程。如果确实有，则输出类似图 9-12 所示结果。

图 9-12　jps 进行服务启动确认

如图 9-12 所示，HDFS 服务已成功启动。

7）执行基本的 HDFS 操作，以确保 HDFS 能正常工作，同时为后续 Flume 导入数据之后的验证做知识储备。

① 执行 hdfs dfs -ls，查看 HDFS 中的根目录结构，如图 9-13 所示。

② 先使用 cd /opt/hadoop/ 切换路径到 Hadoop 安装包下，再执行 ls 命令，查看目录下的内容，如图 9-14 所示。

```
[root@NameNode ~]# hdfs dfs -ls
Found 2 items
drwxr-xr-x   - root supergroup          0 2022-11-04 08:35 input
drwxr-xr-x   - root supergroup          0 2022-02-18 09:51 out
[root@NameNode ~]#
```

图 9-13　HDFS 根目录结构

```
[root@NameNode ~]# cd /opt/hadoop
[root@NameNode hadoop]# ls
bin  etc  include  lib  libexec  LICENSE.txt  logs  NOTICE.txt  README.txt  sbin  share
[root@NameNode hadoop]#
```

图 9-14　查看目录下的内容

可以看到，该目录下有一个 README.txt 的本地文件。

8）运行 hdfs dfs -put README.txt /README.txt，将该本地 README.txt 文件上传到 HDFS 的根目录下，如图 9-15 所示。

```
[root@NameNode hadoop]# hdfs dfs -put README.txt  /README.txt
```

图 9-15　上传文件至 HDFS 的根目录下

执行 hdfs dfs -ls / 命令，再次查看 HDFS 根目录结构，如图 9-16 所示。

```
[root@NameNode hadoop]# hdfs dfs -ls /
Found 3 items
-rw-r--r--   1 root supergroup       1366 2024-01-31 10:40 /README.txt
drwxrwxr-x   - root supergroup          0 2022-02-22 07:47 /tmp
drwxr-xr-x   - root supergroup          0 2022-01-11 10:01 /user
[root@NameNode hadoop]#
```

图 9-16　再次查看 HDFS 根目录结构

可以看到，已经多了一个 /README.txt 文件。

9）运行 hdfs dfs -cat /README.txt 命令，查看部分文件内容，如图 9-17 所示。

```
[root@NameNode hadoop]# hdfs dfs -cat /README.txt
For the latest information about Hadoop, please visit our website at:

   http://hadoop.apache.org/core/

and our wiki, at:

   http://wiki.apache.org/hadoop/

This distribution includes cryptographic software.  The country in
which you currently reside may have restrictions on the import,
possession, use, and/or re-export to another country, of
encryption software.  BEFORE using any encryption software, please
check your country's laws, regulations and policies concerning the
import, possession, or use, and re-export of encryption software, to
see if this is permitted.  See <http://www.wassenaar.org/> for more
information.

The U.S. Government Department of Commerce, Bureau of Industry and
Security (BIS), has classified this software as Export Commodity
Control Number (ECCN) 5D002.C.1, which includes information security
software using or performing cryptographic functions with asymmetric
algorithms.  The form and manner of this Apache Software Foundation
distribution makes it eligible for export under the License Exception
ENC Technology Software Unrestricted (TSU) exception (see the BIS
Export Administration Regulations, Section 740.13) for both object
code and source code.

The following provides more details on the included cryptographic
software:
  Hadoop Core uses the SSL libraries from the Jetty project written
by mortbay.org.
[root@NameNode hadoop]#
```

图 9-17　查看部分文件内容

在使用 cat 命令时特别需要注意，如果上传的是非常大的文件，则 cat 命令可能会卡住，可以替换为 tail 命令，只显示最后几行。因为本任务的 README.txt 文件内容并不多，所以直接使用 cat 打印全部。

至此，已经验证了 Java 环境正常，Hadoop 的 HDFS 服务能正常运行，并且熟悉了 ls、put、cat 等命令及选项。接下来开始进行 Flume 的安装。

2. Flume 的安装步骤

Flume 的安装和 Hadoop 以及 Hadoop 技术栈中的其他组件安装类似，都是首先将二进制包解压缩，然后修改其配置文件即可。这里主要进行二进制包的解压缩工作。

首先，确保 /opt/apache-flume-1.9.0-bin.tar.gz 文件存在。如果读者使用本书提供的配套环境，则该文件已经存在。如果读者自行搭建 Hadoop 环境，那么需要使用 VirtualBox 的共享文件夹功能，将 apache-flume-1.9.0-bin.tar.gz 文件传入，读者可以自行查阅网络资源了解具体步骤。

1）运行 cd /opt 命令，切换目录，然后运行 ls 命令，查看目录结构，如图 9-18 所示。

图 9-18　查看目录结构

2）运行 tar -zxvf apache-flume-1.9.0-bin.tar.gz 命令，进行解压缩，如图 9-19 所示。

`[root@NameNode opt]# tar -zxvf apache-flume-1.9.0-bin.tar.gz`

图 9-19　解压缩文件

3）运行 mv apache-flume-1.9.0-bin flume 命令，将解压缩后的文件夹重命名为 flume，如图 9-20 所示。

```
[root@NameNode opt]# mv apache-flume-1.9.0-bin flume
[root@NameNode opt]#
```

图 9-20　重命名文件夹

至此，Flume 的安装结束。后续将进行 Flume 的配置。

9.4.2　Flume 的配置

1. Flume 的设计理念和工作原理

Flume 的理念在于将工具分成了三部分：Source、Channel 和 Sink。

每一个部分都有自己的实现，例如：Source 部分包括：Exec Source（应用的输出）、TCP Source（TCP 端口）和 Spooling Directory Source（文件夹监控）等；Sink 部分包括 HDFS Sink、Hive Sink、Logger Sink 和 Kafka Sink 等；Channel 部分包括 Memory Channel、JDBC Channel 和 File Channel 等。各种 Source、Channel 和 Sink 如图 9-21 所示。不同的部分之间又有相同的接

口，这意味着可以将三个不同部分组合，以满足灵活的业务场景要求。

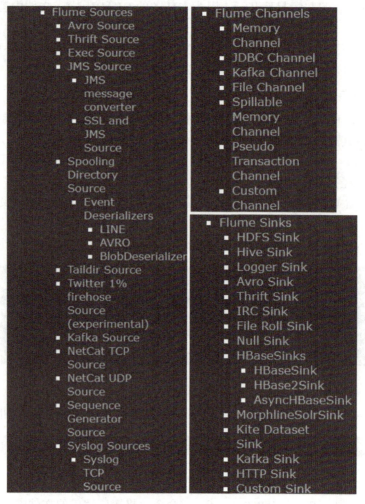

图 9-21 各种 Source、Channel 和 Sink

Source 表示从某个系统中获取数据，充当了数据采集的数据源。Channel 则作为数据缓存的队列，通过引入 JDBC 或者 File 等类型的 Channel，来提供不同的数据持久化能力，保证当系统意外崩溃重启后能重建崩溃前的数据采集任务。Sink 则作为数据的下一站，这里特别需要注意的是，Sink 既可以是最终数据的存储中心例如 HDFS，也可以是整个分布式数据采集系统的中间环境。例如在复杂网络拓扑结构下，可能在一个局域网里面首先将所有节点的数据采集到网关，再由网关对数据进行初步的整理，集中将数据发送到下一个采集点，通过层层传递，最终把各方数据汇聚到数据消费端。

Flume 更灵活的地方在于支持扇入/扇出两种模型，同时支持构建多级级联的采集系统：对一个 Source 来说，它可以同时将数据发往不同的 Channel，这属于扇出；一个 Channel 可以接收来自多个 Source 的输入，对 Channel 来说，这属于扇入。扇入/扇出模型 1 如图 9-22 所示。

多个 Web 服务器时，每一个服务器都被 Flume 节点采集了日志数据，并最终汇聚到了 HDFS 存储中的 Flume 节点上。扇入/扇出模型 2 如图 9-23 所示。

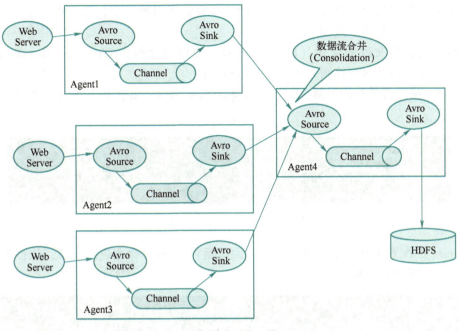

图 9-22　扇入/扇出模型 1

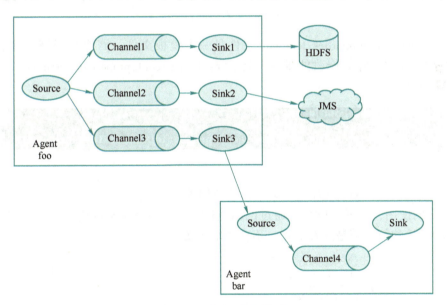

图 9-23　扇入/扇出模型 2

同一个 Source 的数据最终被分发到了不同的数据消费端。

2. 整个数据采集系统的架构设计

正如上文所述，基于 Flume 的数据采集方案既可以较为简单、明了，也可以根据实际需要构建出级联的、包含扇入/扇出的复杂的模型。因此，我们需要了解当前数据采集系统的架构设计，例如哪些服务器上需要部署 Flume 组件，这些 Flume 组件之间应该如何构建级联，哪些 Flume 组件应该进行扇入/扇出操作。只有了解了这些架构设计，才知道每一个需要部署的 Flume 组件应该如何配置，才能实现最终的数据采集系统。

在理解了上面的两个环节后，Flume 的配置本身就变得简单了，下面以一个基本的 Flume 配置为例来讲解配置的基本过程。

这里以配置监控文件的变化（Exec Source），使用内存作为 Channel（Memory Channel），将采集到的变化内容打印到控制台中（Logger Sink）。

1）首先，确保目录结构正确，运行 cd /opt/flume 命令，并执行 ls 命令查看目录结构，如图 9-24 所示。

```
[root@NameNode opt]# cd /opt/flume
[root@NameNode flume]# ls
bin         conf        doap_Flume.rdf    lib      NOTICE       RELEASE-NOTES
CHANGELOG   DEVNOTES    docs                       LICENSE      README.md    tools
[root@NameNode flume]#
```

图 9-24　查看 flume 目录结构

2）Flume 的配置文件位于 conf 目录下，因此运行 cd conf 命令进入目录，执行 ls 命令查看目录结构，如图 9-25 所示。

```
[root@NameNode flume]# cd conf
[root@NameNode conf]# ls
flume-conf.properties.template   flume-env.ps1.template   flume-env.sh.template   log4j.properties
[root@NameNode conf]#
```

图 9-25　查看 conf 目录结构

其中的 flume-conf.properties.template 文件是一个模板文件，需要基于该文件直接复制一个副本，然后再修改，降低修改的难度。运行 cp flume-conf.properties.template flume-conf 命令，如图 9-26 所示。

```
[root@NameNode conf]# pwd
/opt/flume/conf
[root@NameNode conf]# cp flume-conf.properties.template flume-conf
```

图 9-26　复制模板文件

3）使用 vim flume-conf 打开配置文件，并开始编辑：

针对 vim 的使用，读者可以自行通过网络查阅。flume-conf 文件内容如图 9-27 所示。注意，所有以#开始的行，都是注释语句，不会影响配置。

```
 1 #取名字为source1, c1, sink1
 2 agent1.sources = source1
 3 agent1.channels = c1
 4 agent1.sinks = sink1
 5
 6 #指定source1的类型为执行某个程序
 7 #这里执行tail并携带-F选项进行输出指定文件新增内容
 8 #以及连接的channel为c1
 9 agent1.sources.source1.type = exec
10 agent1.sources.source1.command = tail -F /opt/helloworld.txt
11 agent1.sources.source1.channels = c1
12
13 #指定sink1的类型，以及连接的channel为c1
14 agent1.sinks.sink1.type = logger
15 agent1.sinks.sink1.channel = c1
16
17 #指定了c1的类型为内存
18 agent1.channels.c1.type = memory
```

图 9-27　flume-conf 文件内容

以上配置，将监听/opt/helloworld.txt 文件的新增内容，作为 source；source 连接到 Memory Channel，然后 Memory Channel 的输出又连接到 Logger Sink 控制台。这里首先在 vim 中保存该配置文件，然后使用 touch /opt/helloworld.txt 新建 helloworld.txt 文件，如图 9-28 所示。

```
[root@NameNode conf]# touch /opt/helloworld.txt
[root@NameNode conf]#
```

图 9-28　新建 helloworld.txt 文件

4）需要启动 flume，执行数据采集任务。运行如下命令：

cd /opt/flume
bin/flume-ng agent -n agent1 -c conf -f conf/flume-conf -Dflume.root.logger=INFO,console

flume-ng 命令行参数释义见表 9-1。

表 9-1　flume-ng 命令行参数释义 1

参　数　名	作　　用
bin/flume-ng	flume 启动数据采集的可执行程序
agent	启动一个采集代理
-n	后面要接代理的名字
agent1	这里代理的名字正是在 conf/flume-conf 中定义的代理名字 agent1。该代理定义了 Source、Channel 和 Sink
-c	后面要接指定的某个配置文件
conf/flume-conf	刚才定义的配置文件
-Dflume.root.logger=INFO,console	覆盖 flume 默认的 logger 打印位置。默认打印到日志文件，需要控制台 console

运行结果如图 9-29 所示。

可以看到，当前还没有任何输出。因为 helloworld.txt 文件中并没有新增的内容。此时，通过 Windows 的 SSH 远程连接到的 CentOS 服务器上，通过另一个控制台向 helloworld.txt 文件中新增内容。

5）物理主机连接到 VirtualBox 的虚拟机。这里需要对虚拟机做一些配置。在本书的配套环境中，已设置好虚拟机。这里简单说明，以便有兴趣的同学深入了解：在虚拟机的网络中，打开 port forwarding，添加一个端口映射。其 flume-ng 命令行参数释义见表 9-2。

表 9-2　flume-ng 命令行参数释义 2

参　数　名	参　数　值
Name	SSH
Protocol	TCP
Host IP	127.0.0.1
Host Port	2222
Guest IP	10.0.2.15
Guest Port	22

图 9-29 运行结果

端口映射结果如图 9-30 所示。

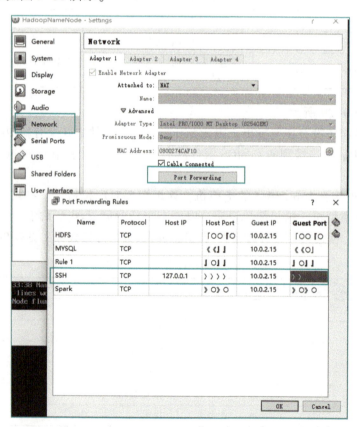

图 9-30 端口映射结果

该配置的意思是：如果以 TCP 方式访问主机 127.0.0.1 的 2222 端口，则所有流量会转发给 10.0.2.15 的 22 端口。10.0.2.15 正好是虚拟机，22 端口正好是 SSH。

6）在 Windows 下打开命令行，输入以下命令：

```
ssh root@127.0.0.1 -p 2222
```

提示时输入 yes，然后输入 root 用户的密码（root），如图 9-31 所示。

图 9-31　SSH 登录

紧接着，向/opt/helloworld.txt 文件中新增内容，如图 9-32 所示。运行命令：

```
echo "hello world" >>/opt/helloworld.txt
```

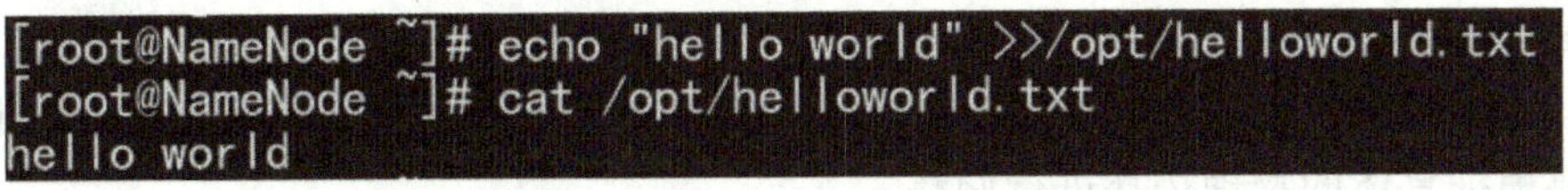

图 9-32　向 helloworld.txt 写入内容

查看 Flume 的输出，如图 9-33 所示。

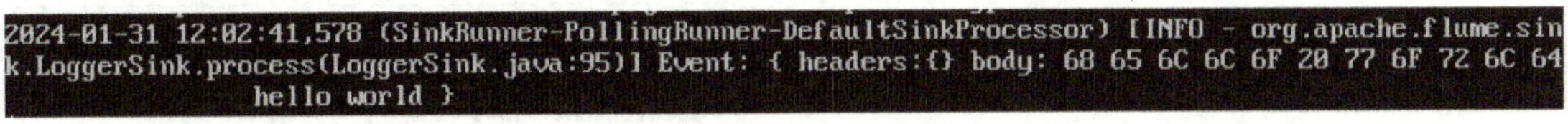

图 9-33　查看输出

可以看到，控制台下输出了字符串 hello world，实现了监听/opt/helloworld.txt 文件的新增内容，将数据采集到了控制台下。

针对其他 Source、Channel、Sink 的配置，只需按照以上类似的方式进行即可。读者可自行查阅官方文档。

9.5　Flume 的应用

本节以两个实际案例来介绍 Flume 在实际生产中的应用。

9.5.1　采集文件夹下的增量数据到 HDFS

9.5.1　采集文件夹下的增量数据到 HDFS

现在的电商平台或者各个 Web 应用，为了应对大量数据的同时访问、提高系统并发能力，一般都采用负载均衡的方案，即服务器前端一般会使用 nginx 来配置负载均衡，使得不同的 IP 地址访问 Web 服务时，按照一定规则将该请求重定向到对应的内部某个 Web 服务器来处理。这在提高了应用的并发处理能力的同时，也导致了以下问题：

1）一般 Web 应用中都会通过埋点，对用户的各项操作进行日志（log）记录，以便后期利用数据开展智能推荐等增值业务。由于用户大量访问，日志的数据量将会非常巨大，如果将其直接存入 MySQL，不仅会导致 MySQL 数据库的负载非常大，而且查询性能将会下降。

2）写日志是 Web 应用自带的组件和功能，而将日志采集到数据库或者数据仓库是另一个特定功能。如果为了实现数据采集，单独改造 Web 应用中的日志记录模块，将会使得两个系统高度耦合。

3）多个 Web 服务器上都会独立地产生大量日志。如何增量、高效、高可用地采集日志，成为一个巨大的挑战。

鉴于以上种种挑战，这里选择使用 Flume 来采集 Web 日志记录。经过分析发现，Web 系统的日志一般采用滚动日志方式；即日志文件一旦增长到指定大小，就在日志目录下创建新的日志文件，对旧日志文件进行编号命名。数据采集系统的设计如图 9-34 所示。

1）每个 Web 应用上安装一个 Flume，配置一个 agentClient 代理。

2）HDFS 服务器上安装一个 Flume，配置一个 agentServer 代理。

3）每个 agentClient 的 Source 监控某个指定的文件夹，只要文件夹中有新增的文件，则开启采集，简单起见 Channel 就用 Memory Channel，Sink 则为 Avro Sink。

4）agentServer 的 Source 则正好为 agentClient 的 Sink 输出，Channel 仍用 Memory Channel，Sink 则为 HDFS。

说明：为了教学上的简便，将 agentClient 和 agentServer 皆配置在同一个虚拟机上。在实际项目中，要根据具体的物理拓扑进行调整。

第 1 步，需要两个 config 文件，分别命名为 agentClient.conf 和 agentServer.conf。

agentClient.conf 的内容如图 9-35 所示。

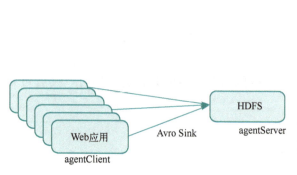

图 9-34　数据采集系统的设计

图 9-35　agentClient.conf 的内容

从该配置文件可看出，监控 /opt/web/logs 目录，一旦有文件放入，则通过 Memory Channel 发送给 Avro 类型的 Sink。avro 是一种由 Apache 软件基金会开发的、开源的数据序列化系统格式，广泛应用在数据相关的各项开源项目中，作为不同组件之间数据交换的手段。agentClient 将连接到 agentServer 的 8765 端口，将数据以 avro 的格式发送过去。

第 2 步，为了整个流程的完整，需要创建 /opt/web/logs 目录。执行 mkdir -p /opt/web/logs 命令，如图 9-36 所示。

任务 9 Hadoop 平台的 Flume 日志数据采集应用案例

```
[root@NameNode hadoop]# mkdir -p /opt/web/logs/
[root@NameNode hadoop]# cd /opt/web/
[root@NameNode web]# ls
logs
```

图 9-36 创建目录结构

在 /opt/web 目录下，放置 1.log 文件作为测试文件，其内容如图 9-37 所示。agentServer.conf 内容如图 9-38 所示。

```
[root@NameNode web]# cat 1.log
1
2
3
4
5
6
7
8
9
10
11
12
13
14
15
16
17
18
19
20
```

图 9-37 1.log 测试文件内容

```
1  #取名字为source1, c1, sink1
2  agentServer.sources = source1
3  agentServer.channels = c1
4  agentServer.sinks = sink1
5
6  #指定source1的类型为avro
7
8  #以及连接的channel为c1
9  agentServer.sources.source1.type = avro
10 agentServer.sources.source1.bind = localhost
11 agentServer.sources.source1.port = 8765
12 agentServer.sources.source1.channels = c1
13
14 #指定sink1的类型，以及连接的channel为c1
15 agentServer.sinks.sink1.type = hdfs
16 agentServer.sinks.sink1.hdfs.path = hdfs://localhost:9000/flume
17 agentServer.sinks.sink1.hdfs.fileType = DataStream
18 agentServer.sinks.sink1.hdfs.rollInterval = 0
19 agentServer.sinks.sink1.hdfs.batchSize = 5
20 agentServer.sinks.sink1.channel = c1
21
22 #指定了c1的类型为内存
23 agentServer.channels.c1.type = memory
24
```

图 9-38 agentServer.conf 的内容

从该配置文件可以看出，这里的 Source 是建立一个 avro 的服务端，监听 8765 端口。Sink 则是写入 HDFS。HDFS 配置项作用见表 9-3。

表 9-3 HDFS 配置项作用

配置项	作用
hdfs.path	要存储的 HDFS 目录，要注意主机和端口号需要同 Hadoop 的 core-site.xml 中一致
hdfs.fileType	只保存数据流，而且不压缩
hdfs.rollInterval	是否根据时间来对文件进行滚动，单位为 s。例如值为 30，则每隔 30 s 建立新文件。因为这里希望根据事件触发的批次来对文件进行滚动，所以将其值设为 0，表示关闭文件滚动记录的功能
hdfs.batchSize	每 5 次 avro 接收事件就作为一批，进行文件滚动

第 3 步，接下来要分别启动 agentServer 和 agentClient。一定要注意启动顺序，必须首先启动 agentServer，因为它会监听 8765 端口。打开 Windows 的三个命令行控制台，称之为 cmd1、cmd2 和 cmd3，分别对应 agentServer、agentClient 和 test。它们都使用前一部分的 SSH 方法，通过 ssh root@127.0.0.1 -p 2222 命令连接到虚拟机。

如图 9-39 所示，在 cmd1 中执行以下命令：

bin/flume-ng agent -n agentServer -c conf -f conf/agentServer.conf -Dflume.root.logger=INFO,console

```
[root@NameNode flume]# bin/flume-ng agent -n agentServer -c conf -f conf/agentSe
rver.conf -Dflume.root.logger=INFO,console
```

图 9-39　启动 Server 的命令

输出如图 9-40 所示。

```
ltSinkFactory.create(DefaultSinkFactory.java:42)] Creating instance of sink: sin
k1, type: hdfs
2024-02-01 10:34:27,821 (conf-file-poller-0) [INFO - org.apache.flume.node.Abstr
actConfigurationProvider.getConfiguration(AbstractConfigurationProvider.java:120
)] Channel c1 connected to [source1, sink1]
2024-02-01 10:34:27,826 (conf-file-poller-0) [INFO - org.apache.flume.node.Appli
cation.startAllComponents(Application.java:162)] Starting new configuration:{ so
urceRunners:{source1=EventDrivenSourceRunner: { source:Avro source source1: { bi
ndAddress: localhost, port: 8765 } }} sinkRunners:{sink1=SinkRunner: { policy:or
g.apache.flume.sink.DefaultSinkProcessor@a6deb83 counterGroup:{ name:null counte
rs:{} } }} channels:{c1=org.apache.flume.channel.MemoryChannel{name: c1}} }
2024-02-01 10:34:27,826 (conf-file-poller-0) [INFO - org.apache.flume.node.Appli
cation.startAllComponents(Application.java:169)] Starting Channel c1
2024-02-01 10:34:27,833 (conf-file-poller-0) [INFO - org.apache.flume.node.Appli
cation.startAllComponents(Application.java:184)] Waiting for channel: c1 to star
t. Sleeping for 500 ms
2024-02-01 10:34:27,980 (lifecycleSupervisor-1-0) [INFO - org.apache.flume.instr
umentation.MonitoredCounterGroup.register(MonitoredCounterGroup.java:119)] Monit
ored counter group for type: CHANNEL, name: c1: Successfully registered new MBea
n.
2024-02-01 10:34:27,980 (lifecycleSupervisor-1-0) [INFO - org.apache.flume.instr
umentation.MonitoredCounterGroup.start(MonitoredCounterGroup.java:95)] Component
 type: CHANNEL, name: c1 started
2024-02-01 10:34:28,333 (conf-file-poller-0) [INFO - org.apache.flume.node.Appli
cation.startAllComponents(Application.java:196)] Starting Sink sink1
2024-02-01 10:34:28,336 (conf-file-poller-0) [INFO - org.apache.flume.node.Appli
cation.startAllComponents(Application.java:207)] Starting Source source1
2024-02-01 10:34:28,338 (lifecycleSupervisor-1-4) [INFO - org.apache.flume.sourc
e.AvroSource.start(AvroSource.java:193)] Starting Avro source source1: { bindAdd
ress: localhost, port: 8765 }...
2024-02-01 10:34:28,374 (lifecycleSupervisor-1-1) [INFO - org.apache.flume.instr
umentation.MonitoredCounterGroup.register(MonitoredCounterGroup.java:119)] Monit
ored counter group for type: SINK, name: sink1: Successfully registered new MBea
n.
2024-02-01 10:34:28,374 (lifecycleSupervisor-1-1) [INFO - org.apache.flume.instr
umentation.MonitoredCounterGroup.start(MonitoredCounterGroup.java:95)] Component
 type: SINK, name: sink1 started
2024-02-01 10:34:28,681 (lifecycleSupervisor-1-4) [INFO - org.apache.flume.instr
umentation.MonitoredCounterGroup.register(MonitoredCounterGroup.java:119)] Monit
ored counter group for type: SOURCE, name: source1: Successfully registered new
MBean.
2024-02-01 10:34:28,681 (lifecycleSupervisor-1-4) [INFO - org.apache.flume.instr
umentation.MonitoredCounterGroup.start(MonitoredCounterGroup.java:95)] Component
 type: SOURCE, name: source1 started
2024-02-01 10:34:28,683 (lifecycleSupervisor-1-4) [INFO - org.apache.flume.sourc
e.AvroSource.start(AvroSource.java:219)] Avro source source1 started.
```

图 9-40　启动 Server 之后的输出

如图 9-41 所示，在 cmd2 中执行以下命令：

> bin/flume-ng agent -n agentClient -c conf -f conf/agentClient.conf -Dflume.root.logger=INFO,console

```
[root@NameNode ~]# cd /opt/flume
[root@NameNode flume]# bin/flume-ng agent -n agentClient -c conf -f conf/agentCl
ient.conf -Dflume.root.logger=INFO,console
```

图 9-41　启动 Client 的命令

输出如图 9-42 所示。

图 9-42　启动 Client 之后的输出

可以看到，在 agentServer 所在的控制台 cmd1 中，将会显示 agentClient 连接成功，如图 9-43 所示。

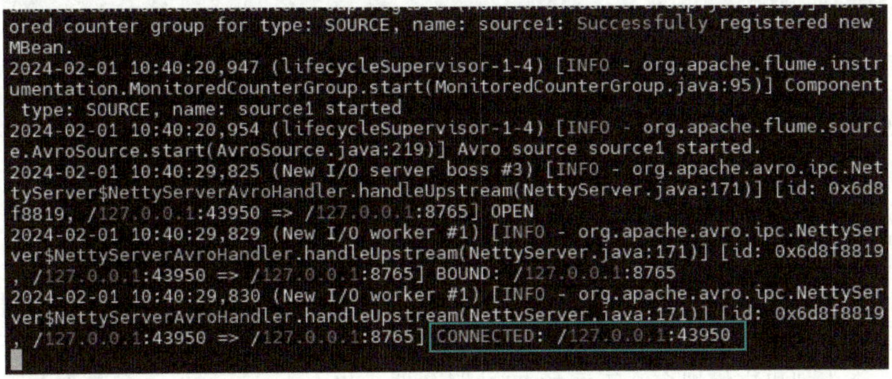

图 9-43　Client 连接后，Server 端的输出

第 4 步，在 cmd3 中准备进行测试，放置 1. log 文件到/opt/web/logs 目录下。

如图 9-44 所示，执行以下命令：

```
cp /opt/web/1. log   /opt/web/logs/1. log
```

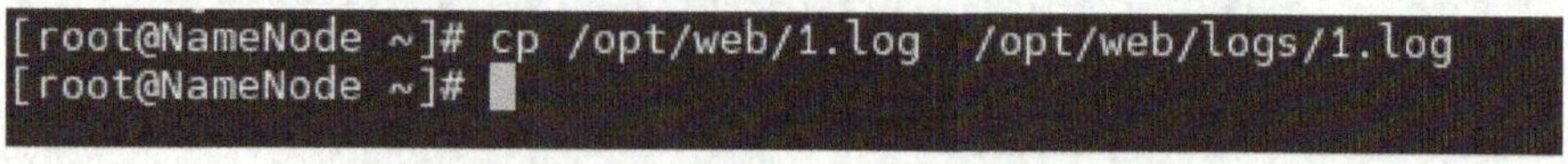

```
[root@NameNode ~]# cp /opt/web/1.log  /opt/web/logs/1.log
[root@NameNode ~]#
```

图 9-44　放置日志文件到目录下

在 cmd1 中，输出如图 9-45 所示。

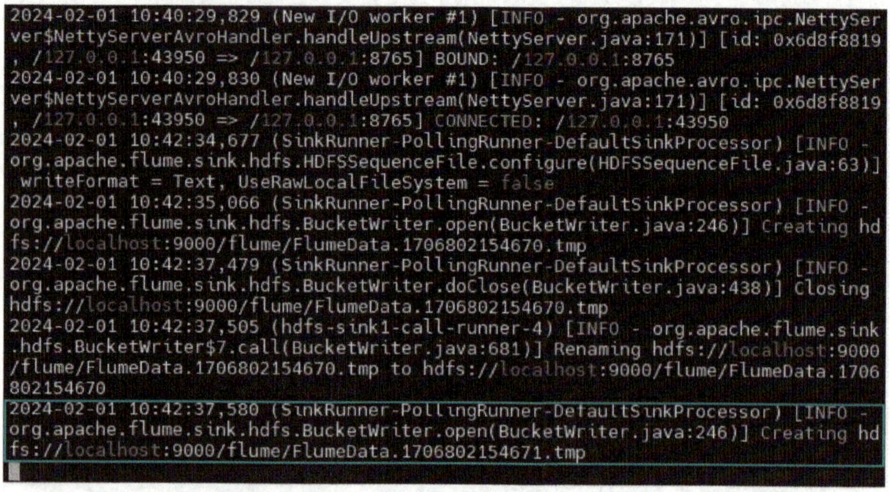

```
2024-02-01 10:40:29,829 (New I/O worker #1) [INFO - org.apache.avro.ipc.NettySer
ver$NettyServerAvroHandler.handleUpstream(NettyServer.java:171)] [id: 0x6d8f8819
, /127.0.0.1:43950 => /127.0.0.1:8765] BOUND: /127.0.0.1:8765
2024-02-01 10:40:29,830 (New I/O worker #1) [INFO - org.apache.avro.ipc.NettySer
ver$NettyServerAvroHandler.handleUpstream(NettyServer.java:171)] [id: 0x6d8f8819
, /127.0.0.1:43950 => /127.0.0.1:8765] CONNECTED: /127.0.0.1:43950
2024-02-01 10:42:34,677 (SinkRunner-PollingRunner-DefaultSinkProcessor) [INFO -
org.apache.flume.sink.hdfs.HDFSSequenceFile.configure(HDFSSequenceFile.java:63)]
 writeFormat = Text, UseRawLocalFileSystem = false
2024-02-01 10:42:35,066 (SinkRunner-PollingRunner-DefaultSinkProcessor) [INFO -
org.apache.flume.sink.hdfs.BucketWriter.open(BucketWriter.java:246)] Creating hd
fs://localhost:9000/flume/FlumeData.1706802154670.tmp
2024-02-01 10:42:37,479 (SinkRunner-PollingRunner-DefaultSinkProcessor) [INFO -
org.apache.flume.sink.hdfs.BucketWriter.doClose(BucketWriter.java:438)] Closing
hdfs://localhost:9000/flume/FlumeData.1706802154670.tmp
2024-02-01 10:42:37,505 (hdfs-sink1-call-runner-4) [INFO - org.apache.flume.sink
.hdfs.BucketWriter$7.call(BucketWriter.java:681)] Renaming hdfs://localhost:9000
/flume/FlumeData.1706802154670.tmp to hdfs://localhost:9000/flume/FlumeData.1706
802154670
2024-02-01 10:42:37,580 (SinkRunner-PollingRunner-DefaultSinkProcessor) [INFO -
org.apache.flume.sink.hdfs.BucketWriter.open(BucketWriter.java:246)] Creating hd
fs://localhost:9000/flume/FlumeData.1706802154671.tmp
```

图 9-45　放置日志文件后，Server 端的输出

第 5 步，到 HDFS 中进行确认，如图 9-46 所示，执行以下命令：

```
hdfs dfs -ls /flume
```

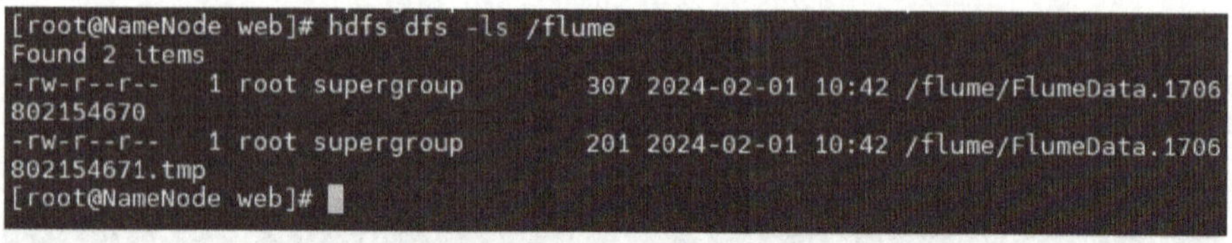

```
[root@NameNode web]# hdfs dfs -ls /flume
Found 2 items
-rw-r--r--   1 root supergroup        307 2024-02-01 10:42 /flume/FlumeData.1706
802154670
-rw-r--r--   1 root supergroup        201 2024-02-01 10:42 /flume/FlumeData.1706
802154671.tmp
[root@NameNode web]#
```

图 9-46　HDFS 上的内容变化

如图 9-46 所示，确实存在/flume 这个目录，且目录下已经有文件。查看这些文件内容，如图 9-47 所示，执行以下命令：

```
hdfs dfs -cat /flume/FlumeData. *
```

至此，实现了模拟监控某个 Web 应用的日志文件夹下的新增文件，并通过级联的 Flume 架构以及 avro 格式作为中间交换格式，实现了数据采集。读者在条件允许的情况下，可以自行多开启几个虚拟机来模拟多个不同的 Web 服务器，将上文 agentClient 的配置复制到不同的 Web 服务器上，测试多机数据采集的效果。

图 9-47 查看文件内容

9.5.2 采集 TCP 端口数据到控制台

9.5.2 采集 TCP 端口数据到控制台

有时候,应用系统无法将系统的数据(例如日志数据)写入文件系统进行持久化,却又希望采集到应用系统运行过程中的各类数据。在这种情况下,可以使用 Flume 的 TCP Source 功能。调整应用代码,将感兴趣的数据通过 TCP 端口发送给 Flume,这样 Flume 就能实现数据采集。特别是一些容量较小的嵌入式设备的数据采集,由于容量小,没法将运行过程中产生的数据写入设备上的文件系统,甚至可能没有文件系统,此时就可以采用 TCP Source 方式完成数据采集。

下面对这种场景进行模拟。要求如下:Source 为 TCP,Channel 为 Memory Channel,简便起见,Sink 使用 Logger Sink,打印到控制台。对应的 tcp.conf 文件内容如图 9-48 所示。

```
1  #取名字为source1, c1, sink1
2  agent1.sources = source1
3  agent1.channels = c1
4  agent1.sinks = sink1
5
6  #指定source1的类型为监听tcp端口
7  #以及连接的channel为c1
8  agent1.sources.source1.type = netcat
9  agent1.sources.source1.bind = localhost
10 agent1.sources.source1.port = 8888
11 agent1.sources.source1.channels = c1
12
13 #指定sink1的类型,以及连接的channel为c1
14 agent1.sinks.sink1.type = logger
15 agent1.sinks.sink1.channel = c1
16
17 #指定了c1的类型为内存
18 agent1.channels.c1.type = memory
19
```

图 9-48 tcp.conf 文件内容

这里核心就是 source1 的 type、bind 和 port 设置。该工作模式同 Linux 下的 netcat 工具的工作原理非常类似。等同于 nc -k -l [host] [port]的效果。

第 1 步，如图 9-49 所示，执行以下命令，启动一个代理，开始监听端口 8888。

```
bin/flume-ng agent -n agent1 -c conf -f conf/tcp.conf -Dflume.root.logger=INFO,console
```

```
[root@NameNode flume]# bin/flume-ng agent -n agent1 -c conf -f conf/tcp.conf -Dflume.root.logger=INFO,
console
```

图 9-49　启动代理的命令

结果如图 9-50 所示。

```
2024-02-01 11:37:58,999 (lifecycleSupervisor-1-0) [INFO - org.apache.flume.instr
umentation.MonitoredCounterGroup.register(MonitoredCounterGroup.java:119)] Monit
ored counter group for type: CHANNEL, name: c1: Successfully registered new MBea
n.
2024-02-01 11:37:59,000 (lifecycleSupervisor-1-0) [INFO - org.apache.flume.instr
umentation.MonitoredCounterGroup.start(MonitoredCounterGroup.java:95)] Component
 type: CHANNEL, name: c1 started
2024-02-01 11:37:59,360 (conf-file-poller-0) [INFO - org.apache.flume.node.Appli
cation.startAllComponents(Application.java:196)] Starting Sink sink1
2024-02-01 11:37:59,361 (conf-file-poller-0) [INFO - org.apache.flume.node.Appli
cation.startAllComponents(Application.java:207)] Starting Source source1
2024-02-01 11:37:59,363 (lifecycleSupervisor-1-4) [INFO - org.apache.flume.sourc
e.NetcatSource.start(NetcatSource.java:155)] Source starting
2024-02-01 11:37:59,371 (lifecycleSupervisor-1-4) [INFO - org.apache.flume.sourc
e.NetcatSource.start(NetcatSource.java:166)] Created serverSocket:sun.nio.ch.Ser
verSocketChannelImpl[/127.0.0.1:8888]
```

图 9-50　启动代理后的输出

第 2 步，需要模拟一个应用，连接到虚拟机的 8888 端口进行数据发送。这里使用 nc（netcat）命令行工具来实现。可以使用 yum install nc 进行安装，如图 9-51 所示。

```
[root@NameNode web]# yum install nc
Loaded plugins: fastestmirror
base                                                     | 3.6 kB     00:00
extras                                                   | 2.9 kB     00:00
updates                                                  | 2.9 kB     00:00
(1/2): extras/7/x86_64/primary_db                          | 250 kB   00:00
(2/2): updates/7/x86_64/primary_db                         |  25 MB   00:01
Determining fastest mirrors
 * base: mirrors.huaweicloud.com
 * extras: mirrors.huaweicloud.com
 * updates: mirrors.nju.edu.cn
Resolving Dependencies
--> Running transaction check
---> Package nmap-ncat.x86_64 2:6.40-19.el7 will be installed
--> Processing Dependency: libpcap.so.1()(64bit) for package: 2:nmap-ncat-6.40-1
9.el7.x86_64
--> Running transaction check
---> Package libpcap.x86_64 14:1.5.3-13.el7_9 will be installed
--> Finished Dependency Resolution
```

图 9-51　安装 netcat

第 3 步，安装完毕后，在新的 Windows 命令行中，通过 SSH 远程连接虚拟机，然后执行 nc localhost 8888，如图 9-52 所示。

```
[root@NameNode web]# nc localhost 8888
```

图 9-52　启动 netcat 进行连接

接着，尝试输入 hello flume，按下〈Enter〉键，如图 9-53 所示。

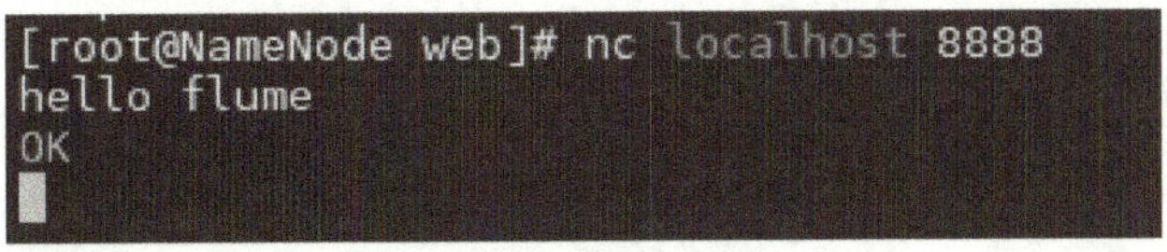

图 9-53　netcat 中输入

在之前的 Flume 的控制台中查看输出，如图 9-54 所示。

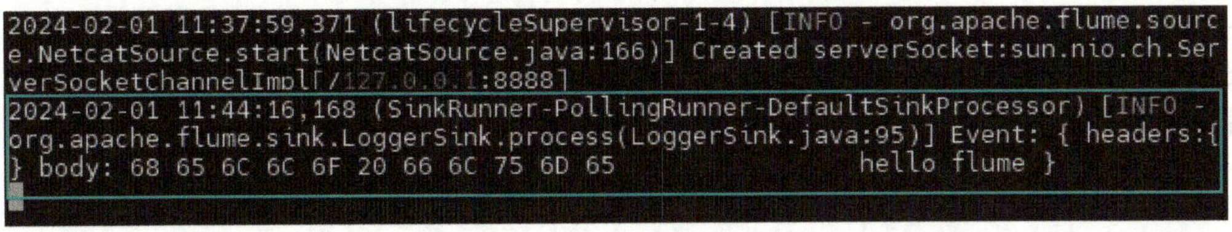

图 9-54　Flume 中输出的结果

可以看到，Flume 的 Sink（控制台 logger）已经成功打印了发送过来的消息。至此，已经介绍完如何使用 TCP Source 来进行数据采集。

关于更多的 Source、Channel 和 Sink 类型，读者可以通过查阅官网的文档来了解，可以根据自己的业务场景灵活地组合使用。

9.6　小结

本章介绍了 Hadoop 平台的基本概念，以及大数据环境下数据采集工作面临的挑战。通过本章的学习，读者可以理解 Flume 的设计和工作原理，学习 Flume 组件在大数据环境下数据采集中的使用。在未来的大数据分析、开发等系列过程中，我们还会看到 Flume 出现在离线和实时数据分析和应用开发中。

9.7　习题

1. 结合本章端口转发的知识，请利用网络，了解端口转发的作用和应用场景。
2. 尝试构建一个级联的数据采集系统：局域网中有三台计算机，分别监控文件的变化，将采集到的数据发送到网关计算机中，网关计算机采集到数据后，统一放置于 HDFS 中。
3. 尝试将采集到的数据放置到 MySQL 中。如果没有直接的方案，则思考如何将多种技术相组合来实现将数据采集到 MySQL 中。

参考文献

[1] 李俊翰，聂强. 大数据分析技术［M］. 北京：机械工业出版社，2022.
[2] 张靖，李俊翰. 大数据平台应用［M］. 北京：电子工业出版社，2020.
[3] 王正霞，李巧君. Python 编程基础［M］. 北京：机械工业出版社，2020.
[4] 聂强，付雯. Hadoop 离线分析实战［M］. 北京：北京理工大学出版社，2021.
[5] 付雯. 大数据可视化项目实战［M］. 北京：北京理工大学出版社，2022.